戦場の名言

指揮官たちの決断

田中恒夫・葛原和三・熊代将起・藤井久＝編著

草思社文庫

戦場の名言◉目次

第1部　信頼と統率

第3部　士気と誇り

第4部　戦略と思想

第1部

信頼と統率

どんなことでも
麾下《きか》の失敗の責任は長官にある。
下手なところがあったら、もう一度使う。
そうすれば、必ず立派にしとげるだろう。

昭和一七年（一九四二）六月／連合艦隊司令長官
山本五十六《やまもといそろく》大将

日本海軍は昭和一七年六月のミッドウェー海戦で、虎の子の空母四隻を失った。大敗を喫した機動部隊（第一航空艦隊）の幕僚は、昭和一七年六月一〇日、報告のため洋上にあった連合艦隊旗艦〈大和《やまと》〉に移乗してきた。大敗北の急報を受けて激高する連合艦隊の幕僚に、山本五十六《やまもといそろく》司令長官は南雲忠一《なぐもちゅういち》司令長官を批判したり、強く責任を追及したりするなと注意していた。

顔もまともに上げられない機動部隊の草鹿龍之介《くさかりゅうのすけ》参謀長は、とぎれとぎれに今一度、陣頭に立てるよう配慮を願い出た。山本司令長官は、「承知した」と即答した。そして約束は守られ、機動部隊の首脳、幕僚は更迭されることなく、第一航空艦隊が廃止され、第三艦隊となってからも現職にとどまった。もちろん交替させるべきとの意見も強かったのだが、山本は頭書のように説明した。

山本流の統率と作戦

山本五十六は、ブリッジなど賭け事が好きで強かったことは有名だ。ミッドウェー海戦時、空母四隻喪失の報を受け、戦艦部隊をミッドウェーに突っ込ませ、同島を占領すべしと強く主張する戦務参謀に、山本は「それはきみ、将棋の指しすぎだよ」と諭した。切羽詰まったさいに、ふと出た言葉が「将棋」なのだから、根っから勝負事が好きだったことがうかがわれる。

勝負事が強い人は、相手の感情の機微を読むのに長《た》けているものだ。山本五十六の人間的魅力はそこにあり、優れた統率者になれた理由でもある。彼の有名な言葉に、「やって見せ、言って聞かせて、させて見せ、褒《ほ》めてやらねば人は動かじ」がある。これは彼のオリジナルではなく、昔の花柳界でよく口にされた芸事稽古《けいこ》の秘訣だと言う人もいる。どちらにしても山本五十六の口から出たとなれば、より重みが加わることは間違いない。

部下と親しく交わるタイプの統率だから人情論となるためか、ほかではなかなか受け入れられない奇人、変人が周囲に集まる。霞ヶ浦航空隊副長以来、航空畑が長かったからかもしれない。そしてギャンブル好きということも加わり、どうしても山本五十六の作戦は、奇をてらったり、投機的になりがちだった。真珠湾作戦がその典型とされる。

もちろん相手のある戦争だから、「賭け」の要素は生まれてくる。しかし、それはあくまで数字で詰めきれない小さな部分でのギャンブルにとどまるのが常道だろう。作戦全体が乗るか反るかの「一六《いちろく》勝負」になってしまうと、それはもう作戦ではない。作戦全体がギャンブルとなると、怖くてしかたがないので、儲《もう》けは小さくても勝ち逃げを狙う。山本五十六の作戦が、どれもそうだとは言えないが、その傾向があったことは否定できない。

各国共通のリカバリー人事

話は最初に戻り、ミッドウェー海戦後の機動部隊首脳の処遇である。司令長官であった南雲忠一《なぐもちゅういち》中将は、昭和一七年一一月まで機動部隊を指揮しつづけた。参謀長の草鹿龍之介も同じだ。あのときすぐに人事を一新すべきであった、山本五十六の恩情主義が災いしたとの意見もある。小《お》澤《ざわ》治《じ》三郎《さぶろう》中将、角田《かくだ》覚治《かくじ》中将ら、ほかにも航空戦を指揮する適任者がいたではないかという意見である。たしかに南雲忠一の後任となって空母機動部隊を指揮した小澤治三郎を、早く起用すべきだったとするのは正論だろう。

しかし、ここで海軍が厳守した「軍令承行令《ぐんれいしょうこうれい》」が問題になる。海軍兵学校の卒業期別の厳格な人事管理である。南雲は海兵三六期、小澤は三七期、南雲の司令長官在任期間もからんで難しい問題なのだ。まして海兵三九期の角田が、すぐに南雲の後任にはなれない。

ミッドウェー海戦後の人事は賛否両論のようだが、山本五十六の恩情や期別の人事管理だけの結果ではない。各国の海軍に共通する人事措置であったことも事実だ。

海軍は機械を操って刻々と変化する海洋を相手にしているため、どんなに努力しても大きなポカをやらかす。そのたびに懲罰人事をやれば、組織に人がいなくなる。そこでリカバリーの機会を一回は与えるのが各国の通例となっている。居眠りしていて乗艦を座礁させてしまった艦長でも、臨時に一階級下げ、同じ職務に就かせて一定期間成績を見て、良好ならば元の階級に戻すということを行なう海軍もある。米海軍はこのタイプの人事管理だ。しかし、同じようなポカをまたやらかせば、懲罰人事となって予備役に追われたり、閑職へ左遷となるのが普通だ。ところが日本海軍では、海軍兵学校の卒業序列（ハンモック・ナンバー）が絶対だったから、そう簡単には処分できないところがあったようだ。

大山はボンヤリしているから総司令官に任命する、というふうにも聞こえますが……

明治三七年（一九〇四）六月／参謀総長

大山巌《おおやまいわお》　大将

日露戦争は明治三七年二月に始まり、同年六月に、外地の野戦軍と東京の大本営《だいほんえい》の中間に位置する機関として、満洲軍総司令部が設置されることとなった。総司令官には、衆目の見るところ枢密顧問官で元帥の山縣有朋《やまがたありとも》が適任とされた。参謀総長であった大山巌《おおやまいわお》も、山縣が適任であると奏上した。

しかし、明治天皇はこう語った。「山縣も不適任とは思わないが、困ったことに軍司令官たちが喜ばないようだ。山縣は鋭いし、万事に気がついて細かく指導するので敬遠されるだろう。軍司令官ともなれば、ある程度の自由を欲するだろう。そこで、あまりうるさくない人物がよかろうということで大山に決めたわけだ」。そこで大山が「大山はボンヤリしているから……」と述べると、明治天皇は「まず、そんなところであろう」と笑ったと伝えられている。

大山・児玉の名コンビ

満洲軍総司令部の必要性は等しく認識されていたが、その権限については意見が対立していた。参謀本部は、大本営が持つほとんどの権限を委任すべきとした。その一方、陸軍省はその権限を限定したものにすることを求めた。この問題はなかなか決着しなかったが、明治天皇が御沙汰覚書を下賜《かし》し、それに沿って協議して結論が得られた。あくまで中間司令部という位置づけで、一般的な高等司令部が備えている人事、兵站《へいたん》、経理などの機能はないことになったのである。

総参謀長には、参謀次長であった児玉源太郎《こだまげんたろう》が任命された。児玉は俊英な参謀たちを束ねるのに最適な人物であった。大山は児玉に全幅の信頼を寄せ、児玉も大山を心から尊敬していた。まさに薩摩の大山、防長（周防と長門）の児玉、薩長の名コンビであった。

組織が成り立つには、三つの要素が必要である。まず、その組織の使命あるいは任務を明確にすること。その使命を達成するために組織を整えること。その機能を発揮させるために適切な権限を付与すること。この三つである。

満洲軍総司令部は、満洲においてロシア軍を撃滅し、掃討するために満洲にある複数の軍を指揮するという明確な任務を付与されていた。しかし、その陣容は総司令官以下将校二五名、下士官・兵などを合わせても二一一名という小世帯であった。しかも、その権限は人事、兵站などの機能を除かれ、作戦指揮権のみであった。

このようなかたよった組織をもって数十万の大軍を指揮するのだから、その苦労は並大抵のものではなかったであろうが、大山巌はそれをやり遂げたのである。要は使命、組織、権限が確立されていても、それを生かすも殺すも人次第ということだ。大山巌と児玉源太郎というコンビがあって初めて、日露戦争の勝利があったといえるだろう。

日本型統帥の理想化

大山総司令官は、すべてを児玉総参謀長にまかせ、児玉はその信頼に応えて東奔西走の日々を送った。大山の日常は、「茫洋《ぼうよう》」という言葉で表わされている。あるとき、参謀部にふらりと現われ、「今日は大砲《おおづつ》の音がしもうすが、どこぞで戦《いくさ》がごわすか」と尋ねたエピソードは有名だ。これを、細かく報告せずに事を運ぶ参謀たちへの皮肉と見る識者もいるようだが、大山はそういう物言いをする人ではない。

大山巌は若いころ、彼の幼名をつけた〈弥助砲《やすけほう》〉なる大砲を設計したほど数理に明るく、容貌に似ない鋭さを持った人だった。軍司令官以下の部下を叱責したい場面もあっただろう。しかし、そのようなときでも、冒頭の明治天皇の言葉が大きなおもしとなった。大山はこれを「おまえはどっしり構えていればよい」と受け取り、それに忠実であろうとしたのである。のちに孫から総大将の心構えを尋ねられると、「知っちょっても、知らんふりすることよ」と答えたという。

こんな大山・児玉コンビは、指揮官と参謀のあるべき姿として理想化された。すなわち指揮官は高邁《こうまい》なる人格をもって統率し、作戦などは参謀長以下にまかせるのが将の将たる姿であると。いわば参謀が創りあげた、彼らにとって好ましい指揮官像であった。

しかし、統率には統御と指揮の機能がある。指揮官に統御のみを求め、指揮の実行の多くを参謀が行なうことは、ややもすれば、部隊の任務を遂行するにあたって、権限は参謀が、そして責任だけは指揮官がとる姿に陥ることとなる。大山と児玉といった理想的な姿は、この二人にして初めてできたことであり、統率にこれだと定まった理想的な形というものがあるわけではない。

ゆらい戦勝は人の和により生じ、人の和は相互扶助の精神より生まれる。

昭和一九年（一九四四）一〇月六日／第一四方面軍司令官

山下奉文《やましたともゆき》大将

昭和一九年九月末、マリアナ諸島は占領され、次に連合軍が進攻してくるのはフィリピンだと確実視された。大本営《だいほんえい》はここフィリピンを決戦場と定め、担当する第一四方面軍司令官に国軍期待の星を送りこんだ。関東軍第一方面軍司令官であった山下奉《やましたとも》文《ゆき》大将である。

マニラのフォート・マッキンレーにあった司令部に到着した山下は、着任の辞をこのように切り出した。勇将「マレーの虎」が何を語るかと耳をそばだてていた司令部一同は、意外な感に打たれた。山下の実像は伝えられてきたようなものではなく、細かいところに気のつく、常識人であったことを改めて記しておきたい。

「イエスか、ノーか」の虚像

太平洋戦争の緒戦、山下奉文中将率いる第二五軍は、マレー半島一千キロを快進撃してシンガポールを攻略した。昭和一七年二月一五日、降伏交渉の席で山下は、イギリス軍司令官アーサー・パーシバル中将に無条件降伏を求め、最後には「イエスか、ノーか」と詰めよったと広く報道され、大勝利の象徴的な出来事とされた。しかし、事実は異なる。

報道班員であった菱刈隆《ひしかりたかし》大将の子息が臨時に通訳したが、彼は軍事用語に暗く、なかなか意思の疎通ができない。そこで山下は軍隊口調で、「きみはイエスか、ノーかを訊くだけでいいんだ」となかば叱責した。これが誤って伝えられて神話となった。

これでは埒《らち》があかないとみて、アメリカに駐在し、隊付勤務を経験していた情報参謀の杉田《すぎた》一次《いちじ》中佐が同席していたので通訳を引き継ぎ、イギリス軍側も無条件降伏を受け入れて一件落着となった。

山下は身長一七四センチと明治の人にしては上背があり、しかも肥満体で体重一〇〇キロを超えていたそうだ。そのうえ、目がギョロリとしていて威圧感が漂う。それが軍刀を左手にして「イエスか、ノーか」と口にしたとなれば、勝利に高ぶる猛将というイメージが生まれるのも無理はない。それはまた、勝利に沸く当時の世相にもマッチし、虚像が一人歩きしはじめた。

これを始終気にしていたのは、山下自身であった。「自分は敵の将軍にそんな失礼なことを言う男ではない。あの時点でもわがほうが劣勢で、ここで敵が無条件降伏してくれなかったらどうなるかと、冷や冷やしていたのは自分だった」と、機会あるごとに述懐していたそうだ。

しかし、いったん定着してしまったイメージというのは恐ろしい。今でも山下奉文といえば、この「イエスか、ノーか」である。

実現しなかった山下陸相

結果的に山下奉文は、太平洋戦争における野戦の将帥《しょうすい》の代表となった。しかし、彼の軍歴を見れば、軍事行政を扱う軍政系統育ちであったことがわかる。中央勤務の振り出しは軍事課編制班長であり、軍制調査会幹事、軍事行政の中枢である軍事課長、そして軍事調査部長と、陸軍省のエリートコースを歩んだ。

誰もが「彼は陸相になる」と認めていた。ところが軍事調査部長のとき、昭和一一年の二・二六事件に遭遇する。

標題の訓示にもあるように、「人の和」を重んじて細かい心遣いをする山下奉文は、決起軍と鎮圧側双方の顔が立つ形で事態を収拾しようと奔走した。その一つの形が、「決起の趣旨に就《つ》いては天聴《てんちょう》に達せられあり」で始まる陸相告示であった。これが昭和天皇の逆鱗《げきりん》にふれ、「山下は軽率である」と批判された。この責任で左遷人事となり、山下は朝鮮の歩兵第二〇旅団長に出され、それ以降もほとんど外回りに終始することとなった。

それでも山下陸相待望論は消えることがなかった。昭和一四年の平沼騏一郎《ひらぬまきいちろう》内閣、昭和一六年の第三次近衛文麿《このえふみまろ》内閣、昭和一九年の東条英機《とうじょうひでき》内閣の末期と小磯国昭《こいそくにあき》内閣で、山下陸相が実現するともっぱらであった。あの人ならば陸軍部内をまとめられると期待されていたのだ。しかし、宮中や重臣が彼を忌避したこともあり、実現することはなかった。

陸相にこそ就任しなかったが、山下奉文はシンガポール攻略の第二五軍、関東軍の第一方面軍、フィリピン防衛の第一四方面軍と重要な局面で司令官に起用された。彼の知られざる性格から、難しい上司や部下ともうまくやってくれるだろうと期待されたからだ。太平洋戦争中、野戦の将帥で終始したことは、彼としては武人の本懐としたことだろう。しかし、それが災いし、B級戦犯として刑死の憂き目をみた。日本で作られた「マレーの虎」というイメージが幾分かは影響していることを思うと、複雑な心境になる。

戦犯容疑者たちは、
その任務に忠実であった人たちで、
国家の光栄ある犠牲者である。

昭和二〇年（一九四五）一〇月／第八方面軍司令官

今村均《いまむらひとし》　大将

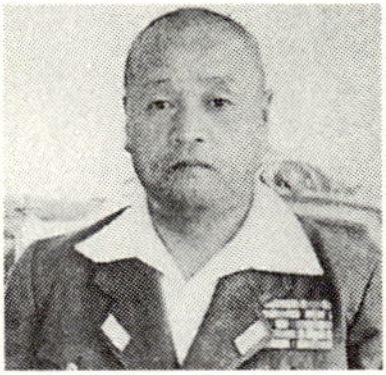

ラバウルにあった第八方面軍と南東方面艦隊は、昭和二〇年九月六日にオーストラリア軍に降伏した。そしてすぐに戦争犯罪者の捜査、裁判が始まった。容疑者は帰国を許されず、現地に特設された収容所に入れられたが、第八方面軍司令官であった今《いま》村均《むらひとし》大将もその一人であった。彼は部下の戦犯容疑者をこのように定義し、「光栄ある犠牲者」から「光部隊《ひかりぶたい》」と命名した。

戦争でようやく命を拾ったかと思えば、次は復讐に燃える敵によって捕らえられ、裁判にかけられるとなると怯えない人はいない。それなのに堂々と部下を庇《かば》い、その人たちを顕彰するとは、真の勇気がなければできることではない。誰もがその勇気に驚いたが、部内通ほど「あの今村さんが……」とびっくりしたことだろう。

「石橋の均さん」

今村均は中学を卒業してから、第一高等学校と高等商業学校を目指して勉強していたそうだ。おりしも、日露戦争の帰趨《きすう》が定まっていなかった明治三八年春に陸軍士官学校の大量募集があり、彼は軍人志望に切り替えたという。この期が陸士一九期で、中学出身者のみという変わった期であり、人数も一〇〇〇人を超えたこともあって幅広い人材がそろっていた。田中静壱《たなかしずいち》、河辺正三《かわべまさかず》、喜多誠一《きたせいいち》、今村と四人の大将を輩出したのだからたいしたものだ。

今村均は一高志望というだけあって秀才で、陸軍大学校の首席をあっさりものにしている。若いころの彼は、誰かれかまわず議論を吹っかける癖があったというが、あのカミナリ親父で有名な上原勇作《うえはらゆうさく》元帥の副官を無事務めあげたのだから、練れた人物であったことは間違いない。また陸大首席は伊達《だて》ではなく、将来の陸相か、はたまた参謀総長かと言われ、陸軍省では軍務局の徴募課長、参謀本部では中枢の第二課長（作戦課長）をやっている。

今村均大佐が第二課長に就任したのは、昭和六年八月の定期異動で、その一カ月半後に満洲事変が突発する。もちろん彼も満洲で軍事衝突が起きることは予想していた。しかし、あくまで中央の統制下での行動であるべきだというのが彼の信念であった。今村が当時、よく口にした「軍は軍紀によって成る」という言葉も記憶されてしかるべきだ。

すべて慎重にやろうという姿勢は、「石橋を叩いても渡らない」と揶揄《やゆ》され、ついたあだ名が「石橋の均《きん》さん」であった。満洲事変の成功によって、「行け、行け」となった陸軍部内では、今村均の手堅さは敬遠されて左遷となり、以後、軍の中枢部に戻ることはなかった。

ラバウルの孤将

太平洋戦争の緒戦、ジャワ攻略の第一六軍司令官となった今村均は、無事任務を遂行して、堅実で温厚な軍政に勤しんでいた。そこにガダルカナル戦が始まり、これに対処するため急ぎ第八方面軍が新編されて、彼が司令官となった。ガダルカナルで苦戦していた第一七軍の撤収は成功したものの、拍手喝采を浴びるような性格の戦いではない。

さらに連合軍の攻勢は続き、日本軍は昭和一八年九月末に、戦略的に守るべき絶対国防圏を設定した。第八方面軍はその外に置かれ、最後に一個師団増援するから、徹底的に持久して全般作戦に利するよう命令された。それを文句一つ言わず「承詔必謹《しょうしょうひっきん》」と引き受けたので、今村均の株は上がった。その後、昭和一九年三月、アドミラルティー諸島を失い、第八方面軍は完全に孤立した。ラバウルとニューアイルランド島にあった陸海軍合わせて約一一万人は、今村の懇切丁寧な統率のもと、現地自活と陣地構築に明け暮れて、終戦を迎えた。

オーストラリア軍との交戦規模は小さかったが、その戦犯追及は厳しかった。法廷は九カ所、期間は昭和二〇年一二月から二六年四月にまで及んだ。この法廷で九三八人が判決を受け、うち死刑は一四〇人であった。今村均はオランダ軍の戦犯裁判では無罪であったが、オーストラリア軍の法廷では懲役一〇年の判決を受けた。

年齢や地位が考慮されて、今村均は巣鴨《すがも》での服役と決まった。しかし、彼は多くの部下が服役している劣悪な環境のマヌス島での服役を強く求めた。その決裁はダグラス・マッカーサー元帥まで上がったそうだが、感銘をもって受け入れられた。幽囚の身は変わらないにしても、いったんは故国にたどり着けたのに、進んで外地の監獄に戻ろうとするとは、よほどの部下への愛情と責任感がなければできることではない。今日なお名将と語り継がれているゆえんである。

すべては愛をもってせよ。

昭和一七年（一九四二）一一月／第一八軍司令官

安《あ》達《だち》二《は》十《た》三《ぞう》中将

ガダルカナルをめぐる戦況が深刻なものとなったため、南東方面に第八方面軍が設けられ、その下にソロモン方面の第一七軍と並ぶニューギニア方面の第一八軍が新設されることとなった。軍司令官は、北支《きたし》那《な》方面軍参謀長であった安《あ》達《だち》二《は》十《た》三《ぞう》中将である。彼は近衛歩兵第一連隊を原隊とする歩兵だが、鉄道の専門家として知られていた。ちなみに明治二三年生まれだから、名が「二十三」だ。

第一八軍司令部は、昭和一七年一一月一六日、大本営《だいほんえい》陸軍部が置かれていた東京・市ヶ谷で編成を完結した。軍司令官のこの初訓示には、誰もが意外な感に打たれた。

軍隊ではあまり使われない「愛」という言葉が強調されていたからである。

艱難辛苦《かんなんしんく》に耐えた第一八軍

第一八軍は出だしから不運であった。昭和一八年一月〜二月、第一八軍の第二〇師団と第四一師団は、パラオから東部ニューギニアのウェワクに到着した。しかし、昭和一八年三月初頭にラバウルからラエに向かった第五一師団の輸送船団は、ダンピール海峡で空襲に遭い、輸送船八隻全部と駆逐艦四隻が撃沈された。人員の損失は四〇〇〇人を超え、「ダンピールの悲劇」と呼ばれることになる。安達軍司令官の乗った駆逐艦〈時津風《ときつかぜ》〉も沈められ、彼自身も危うく救助されている。

第五一師団は補充を受けて現地で再編成され、ラエ、サラモアで二カ月にわたる防御戦闘を展開したが、九月には後方に連合軍が進出して孤立してしまった。第五一師団は、標高四〇〇〇メートルを超えるサラワケット山脈を一カ月かけて縦走し、包囲陣から脱出した。零下三〇度のなかの退却行で二二〇〇人を失ったが、その多くは凍死であったという。

昭和一九年四月末、連合軍は東部ニューギニアの北岸、ホーランジアとアイタペに上陸した。これは第一八軍の行く手に先回りする、連合軍の「蛙跳《かえると》び戦法」であった。この時点ですでに補給が途絶していた第一八軍は、南方軍総司令部から「ニューギニアの一角に健在し、全般作戦に寄与すべし」との自活命令を受けていた。しかし、第一八軍が保有する糧食は五万五〇〇〇人の二カ月分にも満たない。この状況を軍参謀長であった吉原矩《よしはらかね》中将は、「駐《とど》るも死、進むも死」と述懐している。

安達軍司令官はあえてアイタペ攻撃を決意し、昭和一九年七月から第二〇師団と第四一師団を並列させて攻撃を開始した。八月初頭、攻撃は中止となるが、日本軍は損害約九〇〇〇人を出し、連合軍に約三〇〇〇人の損害を与えた。このアイタペ攻撃などニューギニアにおける第一八軍の健闘によって、連合軍のフィリピン進攻は二カ月間にわたって阻止された。

だがその代償は大きく、かつて一四万人を数えた第一八軍のうち、生きて終戦を迎えたのはわずか一万三〇〇〇人であった。第一八軍の秘匿名称は「猛７９１０部隊」だったが、人はこれを「もう泣く人なし」と読んだ。

「愛」と「信」の統率

戦場では人間が透けて見えるという。人として存在すること自体難しい戦場では、人間の高貴さと獣性とが、より鮮明に露呈される。

そんな極限状態での統率とは何か、その問いを解く一つの鍵が第一八軍の戦いにある。太平洋戦争で最も苛烈な運命に翻弄《ほんろう》されたのは、この第一八軍の将兵であろう。

人として耐えうる限界を超えた戦場を彷徨《ほうこう》しながらも、あくまで軍隊としての規律を懸命に維持しつづけたのであった。

その原動力は何であったのか。やはり安達二十三中将の統率に求めるほかはないであろう。それは徹底した責任感と、「愛」と「信」を信条とした部下との精神的な紐《ちゆう》帯《たい》であった。

戦犯容疑者として身柄を拘束され、部下と別れるにさいして安達中将は、慣れ親しんだ東京下町言葉で、「発生した諸種の事件はオラが不敏でしたことだ。すべて軍司令官たるオラの責任である」と責任の所在を明らかにした。

またオーストラリア軍の戦犯裁判で無期禁固の判決を受けると、重刑に同情する検察官に対して、「部下の行為の責任は自分の責任だ。貴官に同情してもらうつもりは毛頭ない」と言いきった。

そして昭和二二年九月、第一八軍関係の戦犯裁判の終了を見届けた安達二十三中将は、錆《さ》びたナイフで割腹し、己の手で首を絞めて絶命した。信じられないほどの克己《こっき》の死である。その遺書には、「陣没《じんぼつ》、殉国（戦犯刑死者）、ならびに光部隊《ひかりぶたい》（戦犯受刑者）残留部下将兵に対する信と愛に殉ぜんとするに外《ほか》ならず候《そうろう》」とあった。

おれ一人だけ生きてもしかたがない。みんな一緒に死ぬんだ。

昭和一三年（一九三八）夏／第一四師団長

土肥原賢二《どいはらけんじ》中将

支那《しな》事変の最中の昭和一三年五月初旬、土肥原賢二《どいはらけんじ》中将が指揮する第一四師団は黄《こう》河《が》を渡河し、南北に走る隴海《ろうかい》線（西安〜海州）と東西を結ぶ京漢《けいかん》線（北京〜漢口）が交わる鄭州《ていしゅう》に向けて進撃していた。これを阻止しようとした中国軍は、六月一二日に鄭州の東、花園口で黄河の堤防を爆破した。この水攻めの矢面に立って苦戦したとき、身に危険が及ぶと土肥原がよく口にした言葉である。

東京裁判でA級戦犯として起訴され、絞首刑に処せられた土肥原賢二は、中国侵略を主導した怪物的存在と見られた。その一方で、屈託のない明るい人で、口癖は「船来、上等」、万事おおまか、悪辣《あくらつ》な謀略とは縁遠い人との評もある。同じくA級戦犯として刑死した武藤章《むとうあきら》は、土肥原という人は「支那人に多くの知友を持ち、支那語が上手という以外にまったくの鈍物」とまで書き残している。

誤解されている対中工作

日本陸軍には、「支那屋」と呼ばれる一団がいた。そのルーツは、日清戦争直後から中国に入り、対露戦に備えて清国の友好的中立を確保した青木宣純《あおきのりずみ》中将に求められる。その後継者が北京《ペキン》の公使館武官室「坂西公館《ばんざいこうかん》」で有名な坂西利八郎《ばんざいりはちろう》中将であり、その直系に位置するのが土肥原賢二である。彼ら正統派の「支那屋」の任務は、対露戦、対ソ戦に備えて、華北から満洲南部にある中国勢力に好意的な中立を保たせることにあった。

工作の対象となった中国の各勢力が、民族主義に燃えて失地回復を目指し、反日で固まっていたというのは事実ではない。各地に割拠していた軍閥は、軍事力を強化するため、競って日本の軍人を招聘《しょうへい》していたのだ。友好的な関係を樹立する絶好の手段ととらえた日本陸軍は、これを支那応聘《おうへい》として許可し、多くの現役、予備役の将校が中国に渡り、各地で軍事顧問となった。土肥原賢二も二回、応聘している。

軍閥間の抗争が激化すると、軍事顧問を通じて日本軍の支援を求めるケースも出てくる。権益や在留邦人の保護という問題もからみ、派兵に発展する場合も多かった。事がすめば、それをすべて日本側の謀略と非難してきたのが中国である。

その矢面に立ったのが、土肥原賢二であった。なぜかと思えば、つまらない理由であった。なんと彼の姓である。土肥原を中国語読みにすると「ツーフェーイアン」、土匪元《ツーフェーイアン》と同音で「盗賊の親分」の意味となる。また日本側も悪乗りして、「アラビアのローレンス」をもじって「東洋のローレンス」とはやしたてたから、ますます暗いイメージが定着してしまった。何から何まで、謀略を仕掛けたのは「土匪元」だろうとなったのである。

しかし、事実は違う。たとえば昭和六年の満洲事変だ。土肥原賢二が奉天《ほうてん》（現・瀋《しん》陽《よう》）特務機関長に着任したのはこの年八月の定期異動で、事変勃発の一カ月前。九月一八日の事変当日は、東京出張からの帰途の京城《けいじょう》（ソウル）にいた。謀略の責任者が現地にいないのはおかしい。さらに奉天の秩序を取り戻すため、土肥原は奉天市長となるが予算がない。しかたがないので、土肥原が個人的に保証して一〇〇万円を借りた。事態が一段落しても、この借財が返せない。そのため昭和八年に土肥原は再び奉天特務機関長となったものの、着任できないという珍事となった。謀略の張本人が債鬼に怯えるという図式があるものだろうか。

東京裁判の判決を見る

武藤章の土肥原評はさておき、彼は大将にはなったが、太平洋戦争で決定的な役割を演じたことはない。それがなぜA級戦犯として起訴されたのか、いぶかしく思う。どうしても土肥原だけは死刑にしてやると中国が執念深くなる理由はと考えると、やはりくだんの「土匪元」「東洋のローレンス」に行き着き、貼られたレッテルの怖さをしみじみと感じさせる。

東京裁判で土肥原賢二は、八つの訴因で有罪とされた。しかし、いくら侵略戦争の共同謀議に関与し、またそれを遂行したとしても、絞首刑を宣告するのには無理がある。そこで「戦争法規違反の命令、授権、許可」で引っかけられた。彼は昭和一九年三月から翌年四月まで、南方の第七方面軍司令官であった。その指揮権が及ぶ地域で捕虜虐待が行なわれ、その責任は土肥原にあると判定されたのである。あれほど海軍の真珠湾奇襲が問題になったのに、開戦時の海軍大臣嶋田《しまだ》繁太郎《しげたろう》は、この戦争法規に関する二つの訴因で無罪となったので絞首刑を免れた。

中国関連で注目された土肥原が、なんとマレーやスマトラ、ジャワの問題で死刑になったとは、理不尽の一言に尽きる話である。

近代的作戦用兵を知らぬ首相が、作戦用兵に関し容喙《ようかい》するのは遠慮していただきたいのです。

昭和一九年（一九四四）九月／参謀次長

秦彦三郎《はたひこさぶろう》中将

サイパン失陥によって東条英機《とうじょうひでき》内閣が倒れ、後継首班が朝鮮総督の小磯国昭《こいそくにあき》となったのは、昭和一九年七月末であった。新内閣の下、国務と統帥を一致させる目的で、それまでの大本営《だいほんえい》政府連絡会議は最高戦争指導会議に改組された。小磯は予備役ながら、陸相の杉山元《すぎやまはじめ》と同期の陸軍大将であるから、遠慮もなく作戦について注文をつけたのだろう。

梅津美治郎《うめづよしじろう》参謀総長をトップとする統帥部としては、神聖な領分を侵されたと不愉快になり、まだ若い秦彦三郎《はたひこさぶろう》次長はつい口がすべり、この暴言となった。

越えがたい世代の壁

小磯国昭には、「対馬海峡にトンネルを掘れ」などと大風呂敷を広げて人を煙にまく癖があり、周囲の者が「少し黙っていてくれないか」と言いたくなる気持ちもわかる。

しかし、陸軍省の新聞班長もやった温厚な秦彦三郎がここまで暴言を吐くとは、トップのあいだに信頼関係がなかったことがうかがえる。小磯は陸士一二期生で秦は二四期生、同窓生なのにと思うが、この一回りの歳の差が越えがたい壁となった。

小磯国昭の陸士一二期生は、小隊長で出征して中隊長で凱旋と、日露戦争で最も苦労した期の一つである。明治三七年二月に少尉に任官した陸士一五期生までが、満洲の第一線に立った経験があると見てよい。明治三七年一一月に少尉に任官した一六期生になると、実戦に参加した者は半数だったとされ、カラフト攻略などの補助的な戦闘の経験があるにとどまっている。

日露戦争に従軍したかしないかが、世代の大きな区切りとなった。軍革新運動の口火を切ったとされる「一夕会《いっせきかい》」は、永田《ながた》鉄山《てつざん》ら陸士一六期生が主体となって組織されたことは、たんなる偶然ではない。クーデターも辞さないと過激な行動に走った「桜《さくら》会《かい》」が、さらに若い陸士二〇期生以降の者の集団であったことは世代論で説明できるだろう。

よく「歴戦の臆病者はいるが、歴戦の勇士はいない」と言われる。戦闘経験が豊富な人から勇ましい実戦談が聞けると期待したのに、敵弾から身を守る話ばかりで、がっかりさせられたというのはよくある話だ。日露戦争を体験しない人から見れば、日露戦争で苦労した人が臆病に見えてしかたがなかったことだろう。しかも、ポスト日露戦争の軍人は、対岸の火事とも言うべき第一次世界大戦で近代戦を学んだ気分でいたのだから、この世代間のギャップは埋めがたいものがある。

秦彦三郎は、まさに第一次世界大戦を教科書として育った世代で、戦争の本当の怖さを知らないと言ってよい。そのせいか、陸士二〇期代の者は威勢はいいが、どこか空しい虚勢が現われている。また大正軍縮で苦い経験をしていないから、苦労というものを知らない。そんな世代の秦と苦労人の小磯とが信頼しあえと言っても無理だったのか。

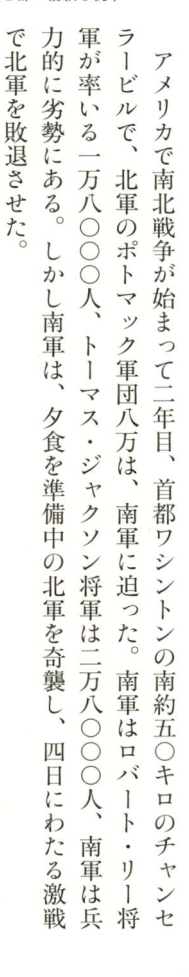

ジャクソンは左腕を失ったが、私は右腕を失った。

一八六三年五月／南軍・北バージニア軍団司令官　**ロバート・リー将軍**

アメリカで南北戦争が始まって二年目、首都ワシントンの南約五〇キロのチャンセラービルで、北軍のポトマック軍団八万は、南軍に迫った。南軍はロバート・リー将軍が率いる一万八〇〇〇人、トーマス・ジャクソン将軍は二万八〇〇〇人、南軍は兵力的に劣勢にある。しかし南軍は、夕食を準備中の北軍を奇襲し、四日にわたる激戦で北軍を敗退させた。

兵力的な劣勢をものともしない、南軍の輝かしい勝利であったが、「石壁（ストーンウォール）」と呼ばれた勇将ジャクソンを失ったことは大きな痛手であった。ジャクソンは味方に誤射されて左腕を失い、手術後に肺炎で死去した。これを聞いたリーは、この言葉を述べて嘆息した。リーとジャクソンの厚い信頼で結ばれたコンビがなくなったことは、南軍に深刻な影響を及ぼした。

帰趨《きすう》に迷った名将

南北戦争の要因は、奴隷解放の是非にあると思われがちだが、そう簡単ではない。南部はヨーロッパ向けの農業が主体であったため、低関税による自由貿易と州の自治権拡大を求めていた。工業が発達しつつあった北部は、工業育成のため保護関税、中央政府による集権的な政治を要求していた。このような国の在り方についての構造的な対立が底流にあった。

一八〇七年にバージニア州に生まれたロバート・リーは、大農場主で軍の長老であった。彼は連邦主義者で、南部一一州の連邦脱退には反対であった。いずれにつくべきか悩んだすえ、故郷のバージニア州が南部連合に加わったため、南軍に身を投じた。リーを北軍総司令官に迎えようとしていたエイブラハム・リンカーン大統領は、いたく嘆いたという。

南部の人口は北部の三分の一弱、工業力ははるかに及ばなかった。これが兵員の補充、武器・弾薬の補給で大きな差となった。北軍は戦闘の損耗を回復できたが、南軍はあとが続かず、南北の運命を分けた。ちなみに北軍の戦死者は約三六万人、南軍は約二六万人であった。

ブルー・アンド・グレー

それでも南軍が五年にわたって戦いつづけられた理由の一つは、優秀な将校にあった。その代表がリーであり、ジャクソンである。軍事的な能力ばかりでなく、人格的にも南軍の将軍のほうが優れていた。あえて占領地で焦土作戦を強行した北軍のウィリアム・シャーマンらと比べれば、その違いが歴然とする。

また北軍の将軍たちは互いに対抗意識が強く、協調性に欠ける点が多かった。南軍は奴隷制度を守るために戦った正義なき軍隊であり、それに反対した北軍は民主的な軍隊だというのは一方的な色分けである。ロバート・リー将軍は戦争後、故郷に帰り大学の学長を務め、後進の育成に余生を捧げた。リー将軍は一八七〇年に死去したが、その高潔な一生は広く敬愛された。

ちなみに一九四四年六月、ノルマンディーに上陸した米第二九歩兵師団の愛称は〈ブルー・アンド・グレー〉。これは北軍がブルー、南軍がグレーの軍服を着用していたことにより、その和解を意味している。

わが国民の未来は今や定かではない。
ただ、われわれの不屈の信念と
敢闘精神だけがこれを救う。
私は、すべての将校が
その義務を果たすことを信ずる。

一九四〇年二月一七日／フィンランド軍総司令官　**カール・マンネルハイム元帥**

ソ連とフィンランドの国境線は、レニングラード（現サンクトペテルブルク）から西に三〇マイル（五〇キロ）ほどのところを走っていた。ソ連は安全保障上の要請として、ラドガ湖とフィンランド湾にはさまれたカレリア地峡の割譲を求め、一九三九年一一月に「冬戦争」（ソ芬《フィン》戦争）が始まった。侵攻してきたソ連軍は、三〇個師団・兵力約五〇万人、戦車一五〇〇両、航空機八〇〇機を擁していた。これに対するフィンランド軍は、予備役を動員しても九個師団・兵力約三二万人、戦車六〇両、航空機

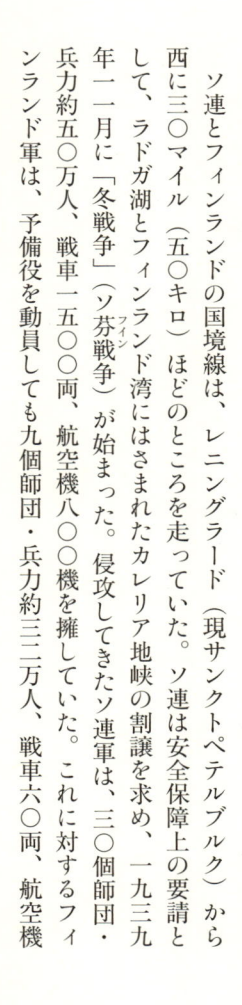

一〇四機と、哀れなほど劣勢であった。

国家存亡の危機に立たされたフィンランドは、総司令官に七二歳の老将、カール・グスタフ・エミール・マンネルハイム元帥を起用した。老将の指揮の下、フィンランド軍は善戦健闘して、ソ連軍の第一次攻勢を撃退した。ところが、ソ連軍は兵力を倍加して第二次攻勢に出た。フィンランドは再び危機に見舞われた。そのとき、マンネルハイムが全軍に伝えた言葉がこれであった。

雪の戦線の「白い将軍」

ロシアの支配下にあったフィンランド大公国の貴族の家に生まれたマンネルハイムは、ヘルシンキの士官学校を修了したのち、ロシア宮廷の小姓を経てロシア軍の近衛騎兵将校となった。日露戦争にも従軍し、ロシア革命が起きたときは、中将で騎兵軍団長を務めていた。故国フィンランドに帰った彼は、「白衛軍」の総司令官に迎えられ、ソ連が支援する「赤衛軍」と独立戦争を戦って勝利を収めた。この高貴な生まれの将軍が、白い毛皮のコートを着て雪の戦線に現われると、将兵は「白い将軍」と歓声を上げて迎えたという。

独立戦争後、マンネルハイムは引退していたが、国際情勢が緊迫してきた一九三二年、戦時には総司令官就任の予定で軍事委員会委員長として公務に復帰した。彼の信念は、「みずからを守ることのできない国を、いったいどこの国が守ってくれるというのか」であった。その方針のもと、ソ連国境沿いに強固な防御線を構築した。これが、いわゆるマンネルハイム・ラインである。

そして冬戦争が始まり、フィンランド軍は圧倒されるかに思えた。ところが、ソ連軍の主力が迫ったカレリア地峡では、マンネルハイム・ラインでソ連軍の進撃は阻止された。東部国境地帯では、積雪地を道路沿いに侵攻するソ連軍の縦隊《じゅうたい》に対して、路外をスキー機動した部隊で両側から包囲、分断して各個に撃破した。これを「モッティ戦法」という。

しかし、ソ連軍の第二次攻勢は支えられなかった。一九四〇年三月上旬、マンネルハイムは戦争の継続を主張する部内を抑えて、軍の意見を休戦に統一し、政府にその旨を伝えた。そして講和条約が締結され、フィンランドはカレリア地峡など国土の一割を失ったが、独立は保たれた。

小国の生きる道

一九四一年六月、ナチス・ドイツ軍はソ連に侵攻した。フィンランドはこれに呼応して冬戦争で失った領土の回復を図るため、再びソ連と戦争状態に入った。フィンランドでは、これを「継続戦争」と呼ぶ。マンネルハイムは、旧領土を回復した時点で部隊を停止させた。ヒトラーはもちろん、フィンランド国内からも、さらなる進撃を求められたが、マンネルハイムは頑として動かなかった。

一九四三年に入り、ソ連軍の反攻が本格化すると、フィンランドは戦争から離脱することを模索した。しかし翌年六月、カレリア地峡でソ連軍は大攻勢を開始し、フィンランド軍はまたたくまに撃退された。その混乱のなかでマンネルハイムは大統領に推挙され、同年九月に講和条約を締結した。その後もフィンランドの苦悩は続いたが、からくも独立は保ち得たのであった。

一九三〇年末から四〇年代のフィンランドは、大国の狭間で翻弄《ほんろう》され、苦悩し、苦闘を続けた。フィンランドはその困難な時代を、偉大な軍人であり、かつ政治家であるマンネルハイムの指導のもとに乗りきった。まさにマンネルハイムは、フィンランド独立の父であったといえる。小国でもできることをやり遂げ、その結果として独立を保った。第二次世界大戦後、ソ連の支配下に入った東欧各国との違いがきわだっている。

一九五二年一月、マンネルハイムは八四歳の天寿をまっとうした。激しい胃痙攣《いけいれん》の発作を起こして手術室に運ばれるとき、彼は医師に「これから先の闘いには、敗れる覚悟はできている」と語り、これが最期の言葉となったという。

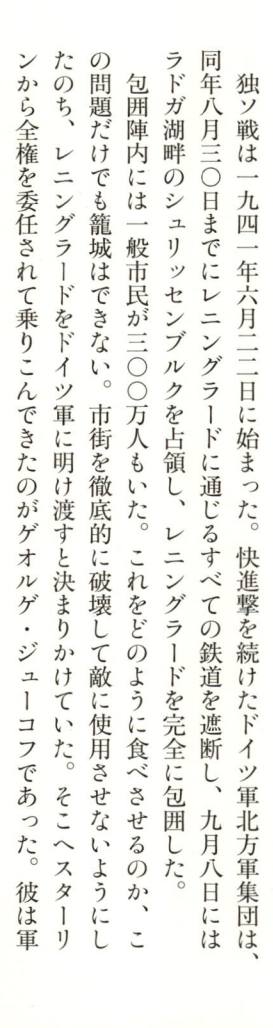

一兵たりとも引くな。寸土をも譲った司令官はつまみ出す。

一九四一年九月／レニングラード方面軍司令官　ゲオルゲ・ジューコフ大将

独ソ戦は一九四一年六月二二日に始まった。快進撃を続けたドイツ軍北方軍集団は、同年八月三〇日までにレニングラードに通じるすべての鉄道を遮断し、九月八日にはラドガ湖畔のシュリッセンブルクを占領し、レニングラードを完全に包囲した。

包囲陣内には一般市民が三〇〇万人もいた。これをどのように食べさせるのか、この問題だけでも籠城はできない。市街を徹底的に破壊して敵に使用させないようにしたのち、レニングラードをドイツ軍に明け渡すと決まりかけていた。そこへスターリンから全権を委任されて乗りこんできたのがゲオルゲ・ジューコフであった。彼は軍事会議を主導して方針を変更させ、レニングラードを最後まで守り通す決意を固めさせた。多数の市民をかかえてどう戦えばいいのか、いぶかる指揮官を集めて飛ばした檄《げき》がこれであった。

九〇〇日を支えた恐怖の統率

第一次世界大戦中、徴兵でロシア軍に入隊したジューコフは騎兵であった。革命が起きると共産党に入党して赤軍の下士官からスタートし、順調に昇進を重ねた。一九三七年のスターリンによる赤軍大粛清では、五人の元帥のうち三人が、一九五人の師団長のうち一一〇人が姿を消したが、ジューコフは粛清を免れた。この大粛清で赤軍の屋台骨はガタガタになったものの、その一方でジューコフのような若い有能な将校が台頭し、赤軍の近代化が促進されたことも疑いない。独ソ開戦時、参謀総長はジューコフである。

さてレニングラードは大都市であるばかりか、戦線北端の一大拠点であるから、両軍とも重視していた。危機が迫ると、スターリンは古い盟友であるクリム・ヴォロシーロフをここに送りこんだ。ヴォロシーロフは、「プロレタリア革命の揺《ゆ》り籠《かご》、レーニンの街に危機が迫っている」と演説した。ソ連にとってレニングラードは、そういう象徴的な意味もあったのだ。

だが状況は、いっこうに好転しなかった。そこでスターリンは、革命の聖地の運命をジューコフに託した。キエフの放棄を具申《ぐしん》して参謀総長を罷免《ひめん》されたジューコフは、予備方面軍司令官の地位にあった。

ジューコフがレニングラードに入って出したこの訓示は、防御に立たされた指揮官がよく口にするものだ。彼がそれらと違うところは、それが気合でも脅しでもなかったことであった。実際にジューコフは、役に立たない者を容赦なく「つまみ出した」。どんな高級将校でも、戦意に欠けると見られればそくざに罷免され、悪くすると懲罰大隊に送られる。命令なく後退した者は、集団で銃殺に処せられる。これには鈍感なソ連軍の将兵も震えあがった。そして息を吹き返したのである。

一〇〇万人もの餓死者を出しながら、レニングラードは九〇〇日にわたる包囲戦に耐えた。ジューコフによる恐怖の統率の余韻が残っていたのだろう。ジューコフがレニングラードにあったのは一カ月ほどで、彼はすぐにモスクワ攻防戦に向かう。以降、重要な正面の方面軍司令官、もしくは大本営《だいほんえい》の現地責任者を務め、栄光のベルリン攻略戦では、主攻の第一白ロシア方面軍司令官であり、ナチス・ドイツ軍の降伏を受け入れる重責を担った。

猛将の日本軍観

ジューコフのもとで働くことは、非常な名誉とされたが、それはまた恐怖の日々でもあった。そんな猛将と日本は、一九三九年（昭和一四）のノモンハン事件を戦った。ジューコフはこのノモンハン事件を、「わが軍の全部隊、兵団と部隊指揮官たち、そして私自身にとって、ハルハ川（ノモンハン）の戦闘は偉大な学校となった」と回顧している。

では、彼が日本軍をどう見ていたのか、回想録に次のように書き残している。スターリンから尋ねられた彼はこう答えた。

「日本軍はよく訓練されています。とくに近接戦闘でそうです。彼らは戦闘に規律をもち、とくに防御戦に強いと思います。若い指揮官たちはじつによく訓練され、狂信的な頑強さで戦います。古参、高級将校たちは訓練が足らず、積極性がなく、紋切り型の行動しかできないようです」

実績ある将軍の言葉だから、耳を傾けざるをえない。考えさせられることは、ジューコフのような統率を実行した高級指揮官が日本にいただろうか、である。国情、民族性の違いがあるので、一概には比較できないが、戦線を休みなく巡り、第一線で自ら偵察する精力的な行動と厳しさには、見習う点が多々あるのではないだろうか。

あれこれぐずぐず文句を言うことは許されない。今後、命令は論議の根拠と考えてはならず、行動の根拠とする。

一九四二年八月／イギリス第八軍司令官　バーナード・モントゴメリー中将

第二次世界大戦中の北アフリカ戦線、アレクサンドリアまであと八五キロ、エルヴィン・ロンメル元帥が指揮するドイツ・アフリカ軍団がエル・アラメインに到達したのは、一九四二年七月初頭のことであった。「天才には勝てない」とイギリス第八軍の将兵はサジを投げ、誰もが戦士ではなく、あれこれ不平や批判ばかりを口にする評論家になっていた。

そんななかに司令官として乗りこんできたのが、変人で有名なバーナード・モントゴメリー中将であった。「中東への撤退など論外」と決意表明したのはいいとしても、切羽詰まった状況で、命令と服従という軍隊の原理原則の徹底を求めた。変人ならではの一言である。しかし、それで第八軍は立ち直ったのだから、言葉とは恐ろしいものだ。

禁酒・禁煙の変人「モンティー」

ダンケルクからの撤収後、本土防衛の師団長を務めていたモントゴメリーは、一九四〇年七月にウィンストン・チャーチル首相の視察を受けた。視察を終えたチャーチルはモントゴメリーを夕食に誘い、何を飲むかを訊いた。するとモントゴメリーは、「水をいただきます」と答え、驚くチャーチルに「私は酒もタバコもやりません。ですから一〇〇パーセント元気です」。するとチャーチルは、「私は酒もタバコもやるが二〇〇パーセント元気だよ」。第二次世界大戦でイギリスを代表した二人の個性的な会話である。

当時のイギリスの軍人で、酒もタバコもやらなければ、それだけでも充分に変人である。加えてモントゴメリーは服装も風変わりだった。エル・アラメイン戦線以来、彼は制帽をかぶらず、戦車部隊の黒いベレーをかぶり、しかもこれに帽章を二つつけていた。ドイツ北部のリューネブルクで、ドイツ軍の降伏を受理する公式の席でも、このスタイルだから徹底している。

なぜあえて服装違反をしたのかについて、モントゴメリーは興味深い説明をしている。戦争で急激に膨張したイギリス陸軍は、大部分が応召した民間人で、そのすべてが新聞を読める。そのような集団を指揮するには、彼らの気持ちを導く一つの意志が必要なだけでなく、一つのシンボルが必要だ。

これを言いかえると、一人の主人公だけではなく、一人のマスコットが必要だと説く。そのマスコットが、奇妙にも二つの帽章をつけた黒いベレーをかぶり、「モンティー」と呼ばれる男、すなわち「このおれだ」というのである。

理詰めの完璧主義者

モンティーといえば風変わりというイメージが先行するが、彼ほど戦争の原理原則に忠実な軍人も珍しい。第八軍司令官に着任し、エル・アラメインの戦線に立ったモントゴメリーは、「最後に私がロンメルを打ち破ることは数理上、確実なのだ」と語り、絶対に勝てる態勢ができるまでは、こちらから仕掛けないと宣言している。

実際、そんな完璧主義を押し通した。野砲一〇〇〇門、戦車一二〇〇両の集中を待ち、第八軍は必勝の態勢をもって出撃して、歴戦のドイツ・アフリカ軍団を圧倒した。エル・アラメイン戦は一九四二年一〇月二三日午後九時四〇分、イギリス第八軍の弾幕射撃で始まった。歴史的場面であるから、軍司令官は戦闘指揮所に入り、「諸君、今だ」と号令をかけたりするものだ。ところがモントゴメリーは、テントで寝ていたそうだ。格別やることもないから、休めるときに休養をとるのだと彼は語るが、なかなかのスタイリストである。

北アフリカからシチリア島、ノルマンディー上陸からエルベ川まで、モントゴメリーはアメリカ軍と肩を並べて戦ったが、その連合作戦は緊張感に満ちていた。特に一九四四年一二月のアルデンヌ戦ではモントゴメリーの傲岸不遜《ごうがんふそん》さ、露骨な利己主義、人を小馬鹿にする態度がアメリカの軍人の反感を買った。そんな性格上の問題はさておき、入念な作戦準備をしなければ動きださない彼に、アメリカの軍人が苛立つことが、つねに大きな問題となった。

これでよく、イギリス軍とアメリカ軍の連合作戦が維持できたものだと思う。それこそがアイクことドワイト・アイゼンハワー元帥の手腕だということになるのだろう。うがって見れば、アイゼンハワーは堅実なモントゴメリーを軸として連合体制を築き、アメリカの軍人に対抗意識を燃やさせ、間接的に尻を叩いたとも言える。モンティーとは対照的に、善良そうに見えるアイクだが、実はモンティー以上にしたたかな人物だったと言えなくもない。

信頼のないところに、情報機関はありえない。その信頼は、油断のない信頼でなければならない。

一九六一年／西ドイツ連邦情報局長

ラインハルト・ゲーレン中将

東西冷戦の第一線にあった西ドイツの「耳」や「目」の役目を果たしてきた連邦情報局（ＢＮＤ）の中枢部に、東側のスパイがいたことが一九六〇年に発覚した。分断国家という特異な事情があり、スパイの潜入はしかたのない出来事だった。情報機関を重視していたコンラート・アデナウアー首相は、ゲーレン局長に「きみがまだ信用できる者がいるのかね」と皮肉を言った。ゲーレンの答えがこの一言であった。これを聞いたアデナウアー首相は、安心すると同時に、いかにもドイツ参謀本部に育った軍人だと微苦笑をもらしたという。

西側最強の情報機関

一九五三年七月、ソ連のＫＧＢ（国家保安委員会）長官ベリヤの失脚・処刑をいち早くつかみ、また五六年二月のフルシチョフによるスターリン批判の演説全文を最初に入手した情報機関がＢＮＤだったといえば、それだけで世界のトップを争う情報機関であることがわかる。とくに対ソ情報となれば、ＢＮＤはアメリカのＣＩＡ（中央情報局）やイギリスのＭＩ６（軍事情報第六部）よりも優れた面が多かった。

分断された敗戦国の西ドイツが優れた情報機関を持ちえた理由は、地政学的な位置などさまざまに考えられる。決定的な要因は、ドイツ参謀本部第一二課（東方外国軍課）の組織と蓄積した資料が温存されていたことであった。ほぼドイツ全土が制圧された大混乱のなかで、これを実現させたことは、ラインハルト・ゲーレンの手腕に負うところが大とされている。

ゲーレンは砲兵科出身で、正統派の参謀将校として育てられた人であった。最初の参謀本部勤務は第一課（作戦課）、次いで第一〇課（要塞課）であり、第二次世界大戦が始まってから参謀総長のフランツ・ハルダー大将の副官を務めている。ソ連に対する諜報活動を強化するため、ハルダーは腹心のゲーレンを第一課東方班長に任命した。対ソ情報を専門的に扱う第一二課は、一九四一年六月に対ソ作戦が始まってから創設され、ゲーレンが課長になるのは翌四二年四月からで、四五年四月までその地位にとどまった。

第一二課による情報見積もりは的確で、ソ連の国力から戦略構想、戦車の保有数まで正確に読みきっていた。冷厳な事実を突きつける第一二課に苛立ったヒトラーは、「このレポートを作成した責任者を精神病院に放りこめ」と怒鳴ったこともある。これが情報屋の限界であり、意思決定する者に信じてもらえなければまったく無力、無意味な存在になってしまう。

敗戦を迎えたゲーレンは、いち早く米ソ対立と冷戦の到来を予測して、対ソ情報戦を続けることを決意した。ドイツ参謀本部が蓄積した対ソ情報資料と東ドイツからソ連領域に広がる諜報ネットワークを土産に、独自の情報機関の設立をアメリカに認めさせたのである。これがいわゆる「ゲーレン機関」であり、一九五五年の主権回復でBNDとなる。

諜報活動の基本

対ソ情報については、他の追随を許さなかったゲーレン機関、BNDは、どのような諜報活動を中軸にしていたのだろうか。〈007シリーズ〉に代表されるスパイ映画のような活劇ではなかった。数十年にわたって収集された情報資料の山に挑む、知的訓練を受けた集団の頭脳プレーが決め手であった。そして、その集団が機能するには、相互の信頼関係がなければならない。

世界じゅうが注目し、早く出ないかと待ち望まれていたのがＢＮＤが発行するレポート『週間ダイジェスト』であり、そのなかでも「ソ連の外交政策」の項は、各国の対ソ外交の基礎にもなっていた。どんな諜報活動の結果なのかと興味がわくが、ほとんど公開された文書情報によっていたと聞けば拍子抜けするだろう。ソ連、東ドイツともに特殊な体制の国だったので、特別なルートで入手した情報資料も使われたであろうが、ほとんどは公開された文書や新聞記事によって『週間ダイジェスト』が組み立てられていたという。

なんだ簡単だと思ってはいけない。資料をただ読むだけではないのだ。その国の国民性、イデオロギーの特徴から言い回しまで、そして過去からの流れなど、これらの詳細な知識を駆使しながら読みこむわけである。そしてつねに客観性を失わない。それができる人間の集団、しかも油断のない信頼関係で結ばれたものこそが有能な情報機関である、というのがゲーレンの哲学であった。ハイテクによる情報化の時代でも、この原則は通用するだろう。

このビーチから動かない奴は二種類だ。戦死した者とこれから死ぬ奴だ。さあ、ここから出て行こうや、生きるためにな。

一九四四年六月六日／米第一師団第一六歩兵連隊長　**ジョージ・テーラー大佐**

オマハ・ビーチ

ノルマンディー上陸作戦は、「史上最大の作戦」として語られるだけあって、交戦双方の将兵が口にした名文句が数多く記録されている。そのなかで一つだけ挙げよと言われれば、やはりオマハ・ビーチで苦戦した第一波の歩兵連隊長テーラー大佐のこの言葉となるだろう。

連合国が総力を挙げ、完璧な準備を整えて決行された作戦なのに、オマハ・ビーチではどうして海浜から一歩も進めず、上陸第一日だけで死傷・行方不明者二五〇〇人を出す局面が生まれたのだろうか。そして、そんな苦境を打開したリーダーシップは、どのように発揮されたのか。

流血のオマハ・ビーチ

連合軍が上陸する約一〇〇キロにわたるノルマンディーの海浜は、西からユタ、オマハ、ゴールド、ジュノー、スウォードの暗号名がつけられた。オマハ・ビーチに向かう第一波は、米第一師団〈ビッグ・レッド・ワン〉の第一六歩兵連隊と第二九師団〈ブルー・アンド・グレー〉の第一一六歩兵連隊であり、これが大損害を被った。作戦の構想そのものが「大西洋の壁」への強襲であったため、場所によっては大きな損害を出す結果となった。

加えて三つの偶然が重なった。五月に入ってオマハ・ビーチ正面のドイツ軍は、東部戦線で鍛えあげられた第三五二師団と交替していた。上陸当日の最終事前爆撃の照準が狂って、海浜から五キロも背後に落ちたため、水際《みずぎわ》の陣地は無傷のままであった。特殊な機材をつけて水上航行が可能な戦車三二両が最初に上陸して、歩兵を掩護《えんご》する予定だったが、当日は荒天のため二七両が水没してしまい、歩兵はほとんど裸の状態で海浜に送りこまれた。

オマハ・ビーチへの第一波上陸は午前六時三〇分であったが、猛烈な弾雨に阻まれて前進どころか立ってもいられない。ビーチは「人間の絨毯《じゅうたん》」が敷きつめられたという。准将以下、あらゆる階級の将兵が奥行き三〇〇メートルの一帯に詰めこまれた。後退もままならない。

ここで誰かが立ちあがって先導しなければ、海浜は将兵の墓場となる。第二九師団の副師団長ノーマン・コータ准将は、「ビーチから離れろ」と叫びながら歩きまわった。手首に負傷した第一一六歩兵連隊長のチャールズ・カナム大佐は後送を拒み、部隊を指揮しつづけた。そしてテーラー大佐は、これより下品な表現だったようだが、これまた伏せて動かない将兵の尻を蹴りとばした。

誰もが、「親父に当たる弾はないのか」とびっくりした。連隊長が仁王立ちで叱咤《しった》しているのだから、面目の問題からして、少佐の大隊長から少尉の小隊長までも立ちあがらざるをえない。立っているだけでは、敵弾の餌食《えじき》になるから前に進む。こうして上陸から七時間、血まみれのオマハ・ビーチでも内陸部への進撃が始まった。

宮崎少将は、この高地で諸士の奮戦ぶりを終始見ている。

昭和一九年（一九四四）四月／第三一歩兵団長

宮崎《みやざき》繁三郎《しげさぶろう》少将

敵が陣地を構えているインド・コヒマの西側にそびえる高地を攻撃する。宮崎《みやざき》歩兵団長は、攻撃にあたる中隊長を敵陣地が見える場所に呼んで、直接指導に明け暮れていた。敵陣地の火点まで一つずつ確認させ、攻撃の態勢、方向、突入や射撃支援の要領などを細かく質問する。「こうしろ、ああしろ」と一方的に指導するのではなく、あくまで中隊長自身に最良の方策を考え出させた。そして最後に宮崎が、「よし、それで行こう」と太鼓判を押す。

こうすれば、「おれの作戦を少将閣下が認めてくれた」と、若い中隊長でも自信をもって攻撃に臨める。攻撃準備が整うと、中隊の待機場所に足を運び、全員に細かく注意をして、この一言で締めくくる。ここまで将軍に懇切丁寧に指導され、しかも見守っていると言われれば、感激して、絶望的な状況でも士気は上がるものだ。

コヒマを目指して

インパール作戦（ウ号作戦）での第三一師団の目標はコヒマであった。チンドウィン川からコヒマまで図上の直線距離は一八〇キロだが、三〇〇〇メートル級の山々が連なるアラカン山脈を越えるのだから、実際の距離は五〇〇キロにも達する。日本にあてはめると、長野県の諏訪《すわ》を出発して松本を経て北アルプスを越えて、石川県に出るというところだろう。五〇キロにもなる装具、弾薬、食糧を背負って全行程は徒歩である。

宮崎繁三郎《みやざきしげさぶろう》は、高田の歩兵第五八連隊を率いて第三一師団の左翼を突進した。チンドウィン川からコヒマまでの中間にあるサンジャックでイギリス軍の強い抵抗に遭い、多くの中隊長、小隊長を失った。そのため本来は師団の歩兵三個連隊の指導にあたるはずの歩兵団長が、連隊長、大隊長を飛び越えて直接、中隊長を指導しなければならなくなったのである。

宮崎突進隊がコヒマ近郊に到達したのは四月二日であった。師団の主力が遅れていたため、宮崎繁三郎は独力でのコヒマ攻略を決心し、四月五日にコヒマを占領、さらに進んで西側高地を攻撃した。ここにはイギリス軍の主陣地があり、なかなか制圧できない。前述のように、歩兵団長が直接、中隊長を指導して攻撃を繰り返す日々が続き、それは一カ月にも及んだ。そして一時は敵を撃退して高地を五つ占領したが、イギリス軍の増援が続々と到着し、宮崎支隊はさらに苦戦に陥った。それでも宮崎は諦めなかった。

日を追うにしたがって、第三一師団の主力も防勢に転移していた。並進していた第一五師団、第三三師団がインパールを包囲したものの、補給が続かないためにインパール占領とはならなかった。インパール街道では、宮崎少将が指揮する部隊だけが孤軍奮闘していたのである。

「殺人鬼」と呼ばれても

あくまでもコヒマの西側高地の奪取を命じた宮崎繁三郎は無謀であり、無慈悲と思えるかもしれない。第三一師団長の佐藤幸徳《さとうこうとく》は、宮崎支隊に近接した部隊、あるいは増援された部隊を宮崎の指揮下に入れようとはしなかった。彼の指揮下に入れればつぶされる、それでは兵隊がかわいそうだというのであった。上司の佐藤師団長は、明らかに宮崎の戦い方に批判的であった。

この師団長の姿勢に、ほかの指揮官も敏感に反応した。増援された部隊が、無断で陣地を捨てることもあった。さらには師団のなかでさえ、宮崎歩兵団長を「殺人鬼」と呼ぶ者がいた。宮崎は敵ばかりでなく、彼に批判的な味方とも戦わなければならなかったのである。それでもあえてコヒマ西側高地を攻撃しつづけたことによって、コヒマからインパールに向かうイギリス軍の増援を遮断し、第一五軍主力のインパール攻撃に多大な貢献をしたのである。

ここで問題は、苛酷な戦場においては、あくまで任務の完遂を目指すのか、それとも部下への愛情を至上のものとして損害の局限化に努めるのか、であろう。指揮官が部下に愛情をそそぐのは当然である。だが、部下の死傷を避けるために、任務の遂行を捨ててしまえば、もはやそれを軍隊とは呼べない。

部下の犠牲を最小限にすることを信条としていた佐藤幸徳は、補給がないことを理由に六月初頭、独断で撤退を始めた。そのとき、宮崎少将の指揮する部隊を軍直轄とし、これに後衛を命じて、佐藤自身は師団の主力とともに後退してしまった。宮崎は負傷者を収容しながら、困難なしんがりの戦いを繰り返しながら後退し、最終的には全軍の感謝を集めたのであった。

わしは毎日、尖兵長をやっとる。時には斥候長もする。

昭和二〇年（一九四五）七月／第五四歩兵団長

木庭《こば》知時《ともとき》少将

昭和二〇年五月二日、連合軍はビルマ・ラングーン（現ミャンマー・ヤンゴン）を占領した。これによって日本軍の第五四師団と独立混成第七二旅団からなる第二八軍は、ペグー山系のなかで孤立した。脱出計画では、三つの縦隊《じゅうたい》に分かれて敵軍が往来するマンダレー街道を横切り、シッタン川を渡り、シャン高原を横断してタイ国境付近のパプン付近に集結するとなっていた。

いちばん北側を東進するのが木庭《こば》知時《ともとき》少将の率いる支隊で、行軍距離は最も長く一六〇キロにも及ぶ。すべて徒歩、しかも雨期なのに満足な渡河資材もない。誰もがシッタン川を渡ることすら不可能と思ったのも無理はない。ところが文字どおり、最先端を少将が進んで部隊を引っ張り、不可能を可能とした。

無天の将軍

昭和一一年の二・二六事件の前までは、陸軍大学校を卒業した者には天保銭に似た徽章《きしょう》が与えられ、右胸下につけていたので天保銭組と呼ばれた。陸大を卒業する者は陸軍士官学校の同期の一割ほどで、あとの者は無天組となる。平時、無天組は連隊付中佐で現役を去るのが普通だった。木庭知時は陸士二五期の無天組であり、戦時でも陸大を出た同期の先頭グループよりおよそ三年遅れて進級している。木庭が少将に進級して歩兵団長に就任したとき、上司の師団長は陸士二六期の中将、インパール作戦で有名な宮崎繁三郎《みやざきしげさぶろう》であった。陸大に行ったかどうかで、階級が逆転してしまっている。

歩兵団長になる前の木庭知時は、ジャワ島東部にあった姫路の歩兵第一一一連隊長であった。彼はおよそ連隊長らしくなく、兵卒用の上着に粗末な半ズボン、ズックの靴を履き、馬や車にはほとんど乗らなかった。ただ部隊の先頭に立って指揮し、叱咤《しった》し、いわゆる「やかましい親父」であったが、部下の目には頼もしい指揮官と映っていた。木庭は、いかにして部下を犬死にさせず、任務を達成するかに専念していた。

この姿勢は、木庭が少将になっても変わらなかった。

部隊勤務一筋で、部隊の実情をよく知る人が統率する部隊は強い。ジャワ島にあった第一六軍は、各部隊に地域を割り当てて海岸線に陣地構築を命じたが、楽園ムードのインドネシアでは一年たってもいっこうに進捗《しんちょく》しなかった。ところが木庭知時の歩兵第一一一連隊が命じられるや、なんと一カ月でこれを完成させ、軍司令部を驚かせた。

この精強な連隊を率いてビルマに入ったのは、昭和一八年九月であった。ビルマに渡った歩兵第一一一連隊は当てになる部隊として使われ、連隊もその期待に応えた。連隊長の木庭知時の命令がなくても、敵情偵察、射撃準備を行ない、山地も苦にせず踏破した。

インパール作戦が破綻《はたん》した以降は、ビルマの戦況は悪化の一途をたどっていた。そのなかで木庭知時は少将に昇進し、歩兵団長となった。昭和一九年九月のことであった。そして苦難の退却行になる。シッタン川を渡るとき、少将閣下のためにと用意された河舟には傷病兵を乗せ、自分はみんなと同じく筏《いかだ》につかまりながら泳いで渡った。

将校とは何か

平気で最前線を歩きまわる木庭知時を、誰もが戦死しかねないと案じていた。上司の宮崎繁三郎師団長も、「おまえたちは木庭閣下を殺す気か」と部下を叱ったこともある。しかし、本人がおかまいなしに敵前に出かけるのだからしかたがない。弾丸もこういう人は避けるという。なぜ少将がそこまでやるのか、木庭自身はこう語っていた。

「支隊長だと思ってやっているのではない。国軍の一将校だと思ってやっている。平素、当番を使っていろいろなことをやってもらっている将校が、こんなときに頑張らねば、当番を使う価値はない。疲れたと言っては兵隊と一緒に休み、苦しいと言っては部隊と一緒に歩いていたのでは、兵隊とどこが違うか。苦しいときにこそ歯をくいしばり、疲れたときこそ頑張るのが将校の将校たる所以《ゆえん》じゃ。木庭少将がやっていると思うな、国軍の一将校がやっていると思え」

豪雨のなか、食べる物もない。落伍者は死ぬ。木庭知時は路傍にうずくまる者を見つけると、青竹で殴りつけ、「歩け、止まるな！」と怒鳴った。「木庭の親父は鬼より怖い。だが、この親父についていけば何とかしてくれる」と全軍の将兵の心は一つになり、困難きわまる退却行が形となった。高級指揮官の体《てい》たらくぶりが多く見られたビルマ戦線のなかで、無天の将軍、木庭知時少将の存在はキラリと光っている。

作業にあたる現在の一時間は、空爆下の一〇〇時間に優る。

昭和一九年（一九四四）一月／歩兵第二二二連隊長
葛目《くずめ》直幸《なおゆき》大佐

ニューギニア西部の戦線

西部ニューギニアのヘルビング湾（イリアン湾）の湾口に、淡路島ほどのビアク島がある。ソロモン、ニューギニアと進んできた連合軍が、ここを拠点にしてフィリピンに迫ることは明らかだった。ビアク島には飛行場の適地が数カ所あり、これを奪取されることは敵に空母一〇隻を与えることと同じで、航空作戦という観点から非常に重視された島である。

　中国の北部で治安作戦に従事していた弘前の歩兵第二二二連隊は、昭和一八年一二月末にビアク島に入った。航空機をここに集中させて決戦を挑むために、歩兵連隊は全力で飛行場の造成にあたった。連隊長の葛目直幸《くずめなおゆき》大佐は、作業の現場に軍旗を捧持させて、工事の進捗《しんちょく》を図った。

汗を無駄にした責任

陣地構築で流した汗は、戦闘での流血を防ぐと強調される。事実、太平洋戦争で健闘した部隊は、どれも陣地構築で汗を流している。わかりきったことなのだが、実行となると思いどおりにはいかない。心血をそそいで構築した陣地も、命令が変われば捨てるしかないからだ。だから、よほど指揮官が信頼されないかぎり、工事に熱心にはなれない。

まして飛行場ともなれば、誰が使うのかピンとこないし、本当に飛行機が飛んでくるのかすらはっきりしない。土工用具も満足に持っていない歩兵が、熱心になれないのも無理はない。そこで葛目連隊長は、工事の現場に軍旗まで持ち出して、将兵のやる気を出させたのである。

昭和一九年五月二七日、アメリカ軍はビアク島に上陸を開始した。そのとき、ビアク島の飛行場に日本軍の機影はなかった。中部太平洋に目が向き、ここに回せる飛行機がもうなかったのだ。そのため飛行場造成の戦いは、それを敵に使わせない戦いとなった。葛目連隊は三週間にわたって飛行場を確保しつづけたのだから、その健闘は絶賛に値する。

陸軍と海軍はビアク島への増援の「渾《こん》作戦」に合意し、海上機動第二旅団を艦艇に搭乗させて六月四日にビアク島に突入させることとなった。増援部隊は六月二日にダバオを出発したが、翌三日に敵偵察機を視認すると、海軍は機動部隊がいるのではないかと怯えて作戦を中止してしまった。陸軍独力で増援した一個大隊は、六月四日に無事、到着しているのだから惜しいことをした。

増援部隊の規模を縮小して再度決行となったものの、こんどは本当に敵艦隊と接触したために中止という体《てい》たらく。それではと戦艦〈大和《やまと》〉〈武蔵《むさし》〉を投入して「渾作戦」の必成を期した。ところが、マリアナ諸島侵攻が確実となり、六月一三日に連合艦隊はこれに対処すべく「あ号作戦」用意を発令し、ビアク島は見殺しとなった。それからもビアク島守備隊の健闘は続いた。葛目連隊長が遊撃戦を命じて自決したのは七月一日、サイパン玉砕の三日前のことであった。

おまえたちの生還を喜ばない。ただ〈ホーネット〉が沈むことのみを喜ぶ。

昭和一七年（一九四二）一〇月二六日／第二航空戦隊司令官

角田《かくだ》覚治《かくじ》少将

ガダルカナル島争奪戦をめぐって、日米の空母機動艦隊が激突した。昭和一七年（一九四二）一〇月の南太平洋海戦である。米軍側呼称は、サンタ・クルス諸島海戦だ。南雲《なぐも》忠一《ちゅういち》中将率いる第一航空戦隊の〈翔鶴《しょうかく》〉〈瑞鶴《ずいかく》〉〈瑞鳳《ずいほう》〉と、ガ島戦支援にあたっていた角田《かくだ》覚治《かくじ》少将率いる第二航空戦隊の〈隼鷹《じゅんよう》〉の空母四隻。これに対するアメリカ艦隊は、トーマス・キンケイド少将が指揮する空母〈エンタープライズ〉と〈ホーネット〉であった。

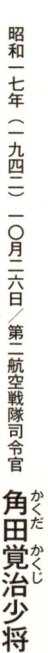

「見敵必戦」の提督

この日、第一航空戦隊は早朝から戦闘を続けていた。敵にもかなりの損害を与えたが、六〇機を超える未帰還機を出したうえに、〈翔鶴〉と〈瑞鳳〉が被弾して戦闘不能となった。そこに第二航空戦隊が到着した。敵艦隊まで距離があるが、ともかく攻撃隊を発進させ、母艦は全速で迎えに行くという常識的にはありえない戦法を、角田司令官は強行した。

〈隼鷹〉から第一次攻撃隊二九機が発進した。敵との間合いを詰めた〈隼鷹〉は、母艦が損傷して着艦できなくなった第一航空戦隊機を収容しながら、さらに第二次攻撃隊一五機を送り出した。角田少将は、飛行甲板に整列した搭乗員を激励したが、その一節がこの激烈な文句である。

この攻撃で〈ホーネット〉に魚雷が命中したものの、沈没にはいたらない。〈瑞鶴〉の搭載機が急降下爆撃を加えたが、まだ沈まない。角田司令官は可動機をかき集めて、第三次攻撃隊を送り出した。これで、東京初空襲とミッドウェー海戦での仇敵〈ホーネット〉は致命傷を負って総員退艦となって漂流し、日本軍の駆逐艦が雷撃して止《とど》めを刺した。

切れ味のよい一撃を加えてさっと引く、そんな人がもてはやされた日本海軍にあって、角田少将は異色な存在であった。どちらかといえば欧米タイプで、執拗さがあり、「見敵必戦《けんてきひっせん》」の攻撃精神に燃える人であったことは、この南太平洋海戦だけでもよくわかる。

それにしても〈隼鷹〉艦上での訓示は、人命を軽視し、戦果ばかりを追い求める忌むべき発言とも聞こえるだろう。しかし、厳しい戦場において、恐怖心や疲労を克服して戦闘能力をフルに発揮するには、個人の精神状態が大きく関係する。角田提督の言葉は、命を的にして戦う搭乗員に勇気を奮いおこさせ、逆説的な表現で武運と生還を願ったものであった。訓示を聞いた搭乗員の一人は、司令官の鬼気迫る闘志に感動し、激しい気持ちの高ぶりと、わきあがってくる戦意を感じたと語っている。

角田少将は航空畑の育ちではなく、生っ粋の砲術屋で、砲術学校の教官や戦艦〈山城〉の艦長も務めている。そんな人がなぜ昭和一五年二月から第三航空戦隊司令官に選ばれたかといえば、やはりその積極的な性格からなのだろう。

空母の甲板上で闘魂あふれる統率を見せた角田提督は、中将に昇進し、第一航空艦隊司令長官のとき、昭和一九年八月、テニアン島で玉砕した。

なんだ、その撃ち方は。もっと腰をすえて、冷静に撃て！

昭和一九年（一九四四）一〇月二五日／戦艦〈伊勢〉艦長

中瀬泝《なかせのぼる》少将

レイテ海戦での戦艦〈伊勢〉

一連のレイテ海戦の一コマ、エンガノ岬沖海戦のときである。米第三八任務部隊の艦載機は、囮《おとり》の任務を負って南下してくる小澤治三郎《おざわじさぶろう》中将指揮の機動部隊に食らいついた。米軍第一波の攻撃は一〇月二五日午前八時から始まった。操艦の名手といわれた中瀬泝《なかせのぼる》艦長は、敵の雷爆撃をすべて回避した。

ところが猛烈に撃ちあげる対空陣は、一機の敵機も撃墜できなかった。当然、艦長として黙ってはいられない。第一波が去ると、高射長らを強く叱責した言葉がこれであった。この短い言葉で、対空要員は平常心を取り戻し、第二波からはふだんの技量を発揮しだした。

航空戦艦〈伊勢〉帰還す

戦艦〈伊勢《いせ》〉は同型艦〈日向《ひゅうが》〉とともに、後部の主砲塔二基を撤去して飛行甲板を設け、航空戦艦に生まれ変わっていた。ところが搭載予定だった水上機〈瑞雲《ずいうん》〉の生産が間に合わず、航空装備なしで出撃することとなった。しかし、対空装備は充実しており、一二・七センチ高角砲一六門、二五ミリ高角機銃一六〇挺と、ハリネズミのごとくであった。

米第三八任務部隊の艦載機は約八〇〇機であり、六波の攻撃を小澤艦隊に加えた。第四波の攻撃までに小澤艦隊の空母四隻は沈没した。第五波の攻撃では、五隻の正規空母から発進した艦載機すべてが、〈伊勢〉一艦に殺到した。しかし、艦齢二七年にもなる〈伊勢〉は死ななかった。中瀬艦長の神業《かみわざ》的な操艦もさることながら、正確かつ猛烈な対空砲火に妨げられ、正確な雷爆撃のコースを維持できないのだ。そして薄暮、最後の第六波攻撃もしのいだ。〈伊勢〉の奮闘ぶりを上空から見ていた米機の搭乗員は、「魔法の艦《ふね》だ」と賛嘆したという。

中瀬少将は、対ソ情報の専門家で、ポーランド、ソ連の駐在経験がある。太平洋戦争開戦時は、海軍省人事局第一課長、終戦時は軍令部第三部長（情報）だった。このような霞ヶ関の赤レンガ組は、操艦が不得手というのが通り相場だが、中瀬少将はその例外中の例外となる。

〈伊勢〉のバルジは穴だらけとなり、左舷《さげん》のカタパルトが損傷したものの、直撃弾は皆無で、僚艦〈日向〉とともに戦艦としての機能は無傷のまま、瀬戸内海に帰還した。中瀬艦長の一言がこの奇跡を生んだとしか言いようがない。

中瀬艦長の言葉は、格別突飛なものではなく、状況と艦長という立場からすればごく自然なものであった。そうとう厳しく叱りつける言い方であったろうが、弾が飛び交い、爆弾が炸裂し、魚雷が突進してくる状況に即した言葉であった。それだからこそ、気が動転して浮足立ち、腰の定まらない対空要員を平素の精神状態に戻したのである。

戦場での一言には、さまざまなものがあろう。この中瀬艦長の発言のように、置かれた状況で誰もが思い、誰もが言うはずの言葉でも充分な効果、いや三万トンの戦艦をも救うことになったのである。自然な発言が、すばらしい統率に結びついた好例である。

全滅とは何だ！ おまえとおれが生きているじゃないか。

昭和一六年（一九四一）一二月一一日／戦車第一連隊第三中隊

寺本弘《てらもとひろし》 中尉

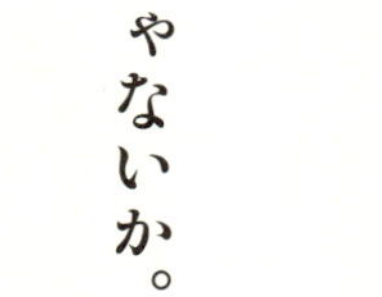
マレー半島を進む戦車隊

　昭和一六年一二月八日、シンガポールを目指す第二五軍の主力は、タイのシンゴラに上陸した。その先頭を進むのは第五師団の捜索《そうさく》第五連隊であり、戦車第一連隊第三中隊が配属されていた。全軍をリードするのはこの第三中隊であり、第一小隊長の寺《てら》本弘《もとひろし》中尉の搭乗する戦車は、先頭から三両目に位置していた。彼は昭和一五年卒業の陸士五四期生で満二〇歳、これが初陣である。

　タイ・マレー国境から南へ三〇キロのところに、イギリス軍が「敵を三カ月、阻止できる」と豪語していたジットラの陣地線があった。一二月一一日、日英両軍はこのジットラ線の手前で、暗夜のなか、混戦状態となった。戦車の砲塔から身を乗り出していた寺本弘中尉の耳に、自分を呼ぶ弱々しい声が聞こえた。戦車の横にうずくまった下士官が、「全滅です。自分もやられました」と報告しているのだ。それに対する叱咤《しった》激励の言葉がこれであった。

パニック防止の一言

道路の両側はゴム林や湿地帯で、なだらかな起伏が続き、ところどころに小さな川にかかる橋があり、そこにイギリス軍は陣地を設けている。路外の機動は制約されるので、戦車中隊は道路上を縦隊《じゅうたい》となって前進する。夜間は一〇〇メートルほど前進すると停止して周囲をうかがい、また前進するという具合で、尺取り虫のように動く。当時の戦車部隊には、車外員と呼ばれる予備の乗員がおり、戦車に跨乗《こじょう》したり、徒歩で同行していた。

暗黒は人間の五感をとぎすます。道路の左側に敵の気配を感じ、中隊の火力が轟々《ごうごう》と発揮された。敵の燃料や弾薬の集積所に命中したのか、ゴム林高く炎が舞いあがった。爆発で破片が舞いちり、敵ばかりか味方にも損害が生じだした。さらにまずいことには、噴きあがる炎が背景になって戦車が一両ごとにくっきりと浮き出てしまった。狙い撃ちをされれば、本当に全滅する。そのとき、車外員の下士官が「全滅」と口走ったのである。

寺本弘中尉の一言で、下士官はわれを取り戻し、状況を適切に報告し、戦闘は順調に進展した。寺本中尉が対応を一歩間違えれば、混乱が引き起こされたであろう。「敵襲」「やられた」「助けてくれ」といった悲観的な言葉は、戦場の将兵の気力をくじく。「全滅」はとりわけ恐怖の言葉であり、パニックを引き起こしかねない。

中尉の小隊長といっても、寺本は実戦経験のない二〇歳の若者であり、彼自身がパニックに陥らなかっただけでも称賛に値する。「全滅」は禁句であり、負傷者には弱気な言葉をかけると逆効果になると教えられていたにしても、とっさに口に出せたことは絶賛すべきである。

もとの位置で防御配置につけ。退却ではない、もとの位置につくんだ。

昭和二〇年（一九四五）五月四日／歩兵第三二連隊第一大隊長

伊東孝一《いとうこういち》大尉

沖縄の地上戦

それまで防勢に徹していた沖縄防衛の第三二軍は、昭和二〇年五月四日から総攻撃に転じることとなった。伊東孝一《いとうこういち》大尉の第一大隊が攻撃を開始する位置とされた首里北東の棚原《たなばる》高地は、すでに敵が進出していた。総攻撃の前に、この高地を奪取する必要があった。五月三日深夜、大隊は攻撃を開始したが、各中隊の連携がうまくいかなかったため、思うように進展しない。

やがて空が白みはじめた。敵の砲撃はいよいよ激しくなる。伊東大尉は決心した。「もとの位置……」と号令をかけると、「退却！」との声が上がった。伊東大尉は、「馬鹿者、もとの位置につくんだ」と叫んだ。

玉砕を免れた大隊

伊東大隊は目標の奪取には失敗したものの、これは威力偵察と同じ結果になり、アメリカ軍の砲撃の盲点を突きとめた。五月四日夜、再度攻撃に出た第一大隊は、盲点と見た低地を突き抜け、目標として示された棚原高地に到達した。大隊は夜が明けると包囲されたが、塹壕《ざんごう》を掘って持ちこたえた。五月四日の総攻撃で目標を奪取したのは、この歩兵第三二連隊（山形）第一大隊のみであった。五日夕刻に作戦中止となり、六日に大隊は命令によって撤収した。

第一大隊は、沖縄で都合八回もの戦闘を重ねた。四月一日、アメリカ軍上陸のとき、大隊の兵力は九五〇人を数えたが、最後には一五〇人となっていた。それでもなお糸満《いとまん》の付近、国吉台《くによしだい》で組織的な抵抗を続けた。そして敗戦から二週間後の八月二九日、堂々と降伏式を行なって彼らの終戦となった。伊東大尉の統率が、玉砕の島からの生還を可能にしたといえよう。

攻撃が思うように進まず、損害が生じて攻撃前の位置に後退することは、「敗北」「降参」を意味し、敵にしてやられたとの心理的影響はきわめて大きい。このときまで、圧倒的な火力に制圧されつつ、受け身一方で苦戦を強いられていた部隊が、乾坤一擲《けんこんいってき》の攻勢に転じたものの、その直後に失敗したとなれば士気の阻喪は甚大なものとなるだろう。かりに態勢を整理できて、再び攻撃に出るとなっても、当初の戦意は維持できるものではない。

だからこそ伊東大尉は、「後退」「戻れ」など「後方」へ無理やり押し下げられるといったニュアンスの言葉を使うことなく、「退却」という言葉も強く否定したのである。この場合、「もとの位置につく」と「下がる」は、意味としてさほどの違いがあるわけではない。

しかし、その言葉がもたらす意識には、雲泥《うんでい》の差がある。もし伊東大尉が、「退却」などの言葉を発したならば、大隊は一気に敗残の状態となり、戦う組織としては瓦解したであろう。陸士五四期生、弱冠二四歳の若き指揮官、伊東大尉の細かい配慮が、部隊を生き残らせたのである。

伊東孝一氏は、請われて長らく陸上自衛隊の部隊や学校を回られて講演を重ねられた。その迫真の内容はもちろん、正確な記憶力には誰もが圧倒されたという。

大臣、大将たらんとする前に、日本一の中隊長たらんとす。

昭和一七年（一九四二）一〇月／歩兵第二二八連隊第一〇中隊長

若林《わかばやし》 東一《とういち》中尉

戦闘の焦点となったガ島飛行場

名古屋で編成された第三八師団に属する歩兵第二二八連隊（名古屋）は、中国南部を転戦して大東亜戦争の緒戦では香港《ホンコン》を攻略した。その後はインドネシアを回り、昭和一七年一一月、苦戦が続くガダルカナル島に送りこまれた。若林《わかばやし》東一《とういち》中尉は同地で没することとなる。死地に赴く直前、母親に宛てた手紙に記されていた言葉がこれである。

第一線に立つ青年将校としては、将来の夢よりも現在の職務に集中するほかはなく、この決意は彼らに共通したものであったろう。若林中尉は続けてこう記している。「咲いて牡丹《ぼたん》と言われるよりも、散って桜と言われたい……」。遺書にもなりかねない手紙を都々逸風《どどいつふう》にまとめるところに、彼の人間的な魅力が感じられる。

個人感状二回の勇士

旧日本軍には「感状《かんじょう》」という制度があった。武功が抜群で全軍の亀鑑《きかん》と認められる部隊や個人を顕彰して布告するものだ。よほどのチャンスに恵まれ、しかもその功績が上に伝わらなければものにできない。歌にもうたわれて有名な加藤隼《かとうはやぶさ》戦闘隊（飛行第六四戦隊）のように七回の感状に輝いたのは、ごく稀なことであった。個人になるとさらに難しくなり、二回ものにしたという人はめったにいない。大東亜戦争中、これをやってのけたのが若林東一中尉（戦死後に大尉に昇進）であった。

若林東一は変わり種の将校であった。徴兵で甲府の歩兵第四九連隊に入営した彼は下士官となり、二四歳で軍曹のとき、あらためて陸軍士官学校の五二期に入った。同期生より五歳から八歳も年長のうえ、実戦経験もあるので注目される存在であった。成績も優秀で、歩兵科のトップで卒業した。

大東亜戦争の緒戦、第二三軍は香港を攻略することになった。若林東一が属する第三八師団は、軍の主力であった。まずはイギリス軍が布陣する九龍《カオルン》半島を、攻撃準備に一週間かけて正攻法で突破することとなった。尖兵長《せんぺいちょう》として全軍の先頭にあった若林中尉は、敵の配備に弱点があることを見てとると、独断で敵陣地に突入して、そこを確保した。「それ、今だ」と連隊が続き、九龍半島を一望できる重要な高地を奪取してしまった。

この思いもよらぬ出来事で、急遽《きゆうきよ》計画を変更してすぐさま攻撃に移り、九龍半島のイギリス軍を一挙に撃破した。準備万端を整えていた第二三軍、とりわけ晴れ舞台になると意気込んでいた攻城砲兵部隊は面白くなく、若林中尉の独断専行を問題視する向きもあったという。しかし、九龍半島の攻略が一週間も早まったことを無視することはできず、彼は個人感状の栄誉に輝いた。

第三八師団の第一梯隊《ていたい》としてガダルカナル島に駆逐艦で急行した歩兵第二二八連隊は、見晴台《みはらしだい》という高地に配置された。昭和一七年一一月から約二カ月、ほとんど補給もなくアメリカ軍の猛攻に耐えた。昭和一八年正月の日記に若林中尉は、「元旦や糧《かて》なき春の勝ち戦《いくさ》」と記している。

ガダルカナル放棄は昭和一七年一二月三一日に決定し、翌年二月一日から撤退のケ号作戦（捲土重来のケ）が始まった。それに先立つ一月一四日、若林中尉は見晴台の陣地で、おそらく迫撃砲の集中射を浴びて戦死した。これによって異例の二度目の個人感状を受けることとなった。

「あとに続く者を信ず」

若林東一の壮烈な戦死は、戦意高揚の格好の材料となった。昭和一八年九月、陸軍省兵務課長は彼の最後の言葉として、「私は神国日本の天壌無窮《てんじょうむきゅう》を信じます。私は大東亜戦争の必勝を信じます。私はあとに続く者を信じます」と語ったと放送した。当局が創作した言葉であったにせよ、彼ならばそう言い遺《のこ》すだろうと思わせる何かがあり、当時の世相にも合って、この最後の一節が一世を風靡《ふうび》することとなった。

若林中尉の部下は、「中隊長の言うとおりにやっていれば間違いない」と、彼に全幅の信頼を寄せていたという。こうした信頼が、部下を団結させ、士気を高め、精強な中隊を生むのである。

中隊の統率方針として若林中尉は、「人に後れを取るなかれ」を掲げていた。積極進取、旺盛な敢闘精神、負けじ魂、攻撃精神などを込めた言葉である。これは、彼自身の武人としての信条でもあったろう。「人に後れを取るなかれ」はよく使われる統率方針を示す言葉だが、彼は兵卒、下士官という下積みの経験があるから、他の将校とはどこかが違っていた。それが第一線における抜群の武功につながり、個人感状二回という快挙となったのである。

固守か、死か(スタンド・オア・ダイ)。

一九五〇年七月二九日/米第八軍司令官 **ウォルトン・ウォーカー中将**

一九五〇年六月二五日、北朝鮮は突如、韓国に侵攻して朝鮮戦争が始まった。国連の決議のもとに、日本に駐留していた米第八軍の諸部隊が朝鮮半島に展開した。しかし、緒戦の大勝利で勢いに乗る北朝鮮軍を阻止できなかった。七月二六日、第八軍司令部は最後の防衛線となる洛東江《ノクトンガン》から日本海に面する盈徳《ヨントク》の線、いわゆる釜山《プサン》橋頭堡《きょうとうほ》に後退する準備命令を下達した。

これで全軍が「第二のダンケルクか、バターンか」と浮足立った。七月二九日にはマニラ一番乗りの栄光に輝く第一騎兵師団〈ホース・ヘッド〉が金泉《クムチョン》に後退した。さらに同じ日、「熱帯の稲妻〈トロピカル・ライトニング〉」で有名な第二五師団が無断で尚州《サンジュ》を放棄した。サイレンを鳴らすジープで急行したウォーカー司令官は、第二五師団長や幕僚を集め、「二度と後退してはならない、固守するんだ、最後まで戦わなければならない」とハッパをかけた。このときの新聞の見出しが、「スタンド・オア・ダイ」であった。

ブルドッグの防御戦闘

ウォルトン・ウォーカー中将は、ジョージ・パットンが指揮する第三軍の機動打撃部隊、第二〇軍団長として、チェコスロバキアで第二次世界大戦の終戦を迎えている。決断力に富み、任務達成のためには剛直に邁進《まいしん》する指揮官として知られ、その容貌から「ブルドッグ」とも呼ばれて畏敬の念を抱かれていた。M41軽戦車の愛称が彼の名前をとって〈ウォーカー・ブルドッグ〉となったことからも、彼がアメリカ陸軍に占める位置がわかる。

　大戦後の一九四八年九月、ウォーカー中将は日本駐留の第八軍司令官となり、演習場を設けてたるみきった在日部隊の再訓練を始めた。そこに朝鮮戦争が突発して韓国に渡り、七月一三日に韓国南部の大邱《テグ》に司令部を開設して、増援してくるアメリカや各国の地上部隊に対する指揮権を発動した。翌一四日には、韓国陸軍も合わせて作戦統制することとなった。

さて、センセーショナルに伝えられた第二五師団でのウォーカーの発言だが、実際にはこうであった。「われわれは時間と戦っている。北朝鮮軍が釜山にたどり着くのが早いか、増援部隊が先に着くかの問題だ。今後、二度と後退してはならない。……各部隊は逆襲して失地を回復し、そこを固守しなければならない。……われわれは最後まで戦わなければならない」というものであった。これにウォーカーの積極的な性格が加味されて「固守か、死か」となったのである。

しかし、これが「死を命令した」と受け取られ、アメリカ議会で問題となり、人権無視、民主主義の危機とまで批判された。これに対してダグラス・マッカーサー元帥は、「軍隊に民主主義はない」と強くウォーカーを支持して、世論は沈静化した。

国連軍の士気は回復したものの、北朝鮮軍の圧力は続き、八月一日に全軍が釜山橋頭堡に下がることとなった。その後も危機は去らず、北朝鮮軍は突進を繰り返し、各地で国連軍と韓国軍の陣地線が突破された。

釜山橋頭堡を構成する最後の線、いわゆる洛東江線における作戦指導は、ウォーカーの真骨頂であった。彼は「防御は反撃によって成り立つ」との信念のもと、空軍による近接支援と地上火力を集中させ、予備隊を投入して反撃に転じ、もとの陣地を奪回する戦法で北朝鮮軍を迎え撃った。いわゆる消防隊戦術といわれるものだ。

このため、まず予備隊を抽出しておくことが重要となり、彼は毎朝、幕僚に「本日はどのくらい予備を見つけてくれたかね」と尋ねるのが日課であったという。こうして九月中旬、国連軍が仁川《インチョン》に上陸して総反撃に転じるまで、釜山橋頭堡を固守したのである。

孤独な指揮官

ウォーカーが洛東江線の死守を決意するのは、悩み抜いたすえのことであった。指揮官は孤独なものである。幕僚に検討させるにしても、最後にはみずからが決断しなければならない。場合によっては、指揮下の部隊にもわからないところで苦悩し、幕僚にも告げず、みずから考え、悩み、決心する。そして決心したのちには、断固としてみずからの意思を部下に強制する。この覚悟がない者は、指揮官などやるべきではない。

「固守か、死か」のフレーズは、はからずもウォーカーの苦悩の過程を端的に表現したものとなった。そのとき、彼はすでに「固守（スタンド）」の意思を固めていた。一カ月半にわたる激闘のなかで、彼はその決意を揺らぐことなく保ちつづけたということである。それが「防御の達人」と呼ばれる所以《ゆえん》であり、食らいついたら放さないブルドッグの戦い方そのものであった。

諸君を道路に縛りつけているものは、楽をしたいという気持ち、ただそれだけだ。

一九五〇年一二月／米第八軍司令官　マシュー・リッジウェイ中将

朝鮮戦争に介入してきた中国軍の人海戦術に翻弄《ほんろう》された国連軍は、北緯三八度線まで押し戻された。しかも、一二月二三日には第八軍司令官ウォルトン・ウォーカー中将が事故死するなど、朝鮮戦争において一九五〇年の暮れは、国連軍の士気が最低の時期であった。

陰鬱《いんうつ》で寒い戦線に乗りこんできた後任のリッジウェイ軍司令官の姿は見物《みもの》であった。幌《ほろ》なしのジープ、右のサスペンダーには手榴弾、左には包帯パック、ノルマンディーの戦線からたった今、帰ったという風情《ふぜい》だったそうだ。

そして、彼は軍団長から小隊長にまで喝《かつ》を入れた。さすがに戦闘経験が豊富な人で、すぐに敗因を探りだした。貧弱な道路に依存しているから、敵が容易に浸透し、包囲されると見抜き、その是正を強く求めたのである。

空挺流の戦場統率

リッジウェイ軍司令官は、各級指揮官に二段階前まで出ることを強く求めた。師団長ならば大隊長の位置まで、連隊長は緊要な正面にいる中隊長と肩を並べろというのである。これは軍司令官としての絶対的な要請であった。それに応えられない指揮官は、即刻クビである。大勢の前で怠慢を面罵《めんば》され、「きみはここにはいらない。日本で勤務するか、軍服を脱いで国に帰るか、どっちか選べ」とやられる。はたで見ていた韓国軍の軍人が、「旧日本軍のように、殴られるほうがまだましだ」ともらすほど、厳しい統率だった。

空地火力の支援要請にも、なかなか応じない。手持ちの火力でまずやってみろ、それで足りなければ支援するという姿勢を貫く。まず自分で戦え、楽をしようと思うなということだが、航空支援を切り札としてきた国連軍にとってはきつい要求である。

そして「歩け」である。敵は山岳地帯を徒歩機動しているではないか、われわれも歩けるはずだ、それがリッジウェイの論理であった。前線を視察しているとき、第一線の状況をつかんでいない大隊長がつかまった。なぜ知らないのか、「無線機が故障しまして……」、なぜ現場に行かないのか、「ジープが通れないので……」。怒り狂ったリッジウェイは、「きみには足がないのか、すぐ行け、走って行け」と厳命した。すぐさま大隊長が走りだしたからよいものの、もし「足の調子が……」と言い訳したならば、大隊長殿はその場でクビになっていただろう。

指揮官先頭、手持ちの火力で戦う、そして歩け、第八二空挺師団長〈オール・アメリカン〉として、シチリア、ノルマンディーと転戦した人らしい戦場統率であった。士気が沈滞した第八軍が戦意を回復するのには、こうした野戦タイプの将帥《しょうすい》が必要であった。

細かな心遣い

リッジウェイ軍司令官の厳しさは、とくに上級指揮官、将官に向けられた。なかでも極東軍参謀長を兼務していた米第一〇軍団長のエドワード・アーモンド少将には厳しかった。第一〇軍団は独立して東海岸で作戦していたが、第八軍司令部の直接統制下に入るよう強く求めた。

いくらドライなアメリカ軍でも、厳しいだけでは人はついてこない。将軍がそこまでやるかと呆れるほど、細かいところまで気を遣い、改善策を講じるばかりか、みずからできることは実践していたのだ。彼のジープには、手袋がたくさん積まれていた。射撃するときなどは手袋を脱ぐが、そのためついなくしがちで、またすぐ手に入るものでもない。寒さのなかで困っている将兵がいれば、軍司令官みずから手渡す。予備の手袋を持ち歩くことは、ヨーロッパ戦線以来の習慣だと、彼は回想録のなかで誇らしげに記している。

家族に手紙を書きたくても、文房具がないとの不満が耳に入った。そくざにヘリコプターで文房具を送る。豊かな国の軍隊だからできたのだが、困っている人を助けようという気持ちがなければ、実行できることではない。温かい食事が定時に届かないという、戦場にありがちな不平が聞こえてくる。これまたすぐに炊事場の移動を命じる。あれだけの戦歴を持った軍司令官が、部隊のマネージャーに徹するのだ。そのような細かな心遣いを形にしたうえで、「山を歩け」「道路沿いの高地を確保せよ」と求めるのである。

今日、アメリカ軍はイラクなどで治安戦に苦慮している。装甲車を連ねてパトロールするアメリカ軍をリッジウェイ将軍が見たならば、どんな感想をもらすだろうか。おそらく、基本に帰り、ガッツがあって自分の足で歩く歩兵を育てるのが早道だと助言するだろう。

統率とは何か、部隊の面倒を見ること、部下の面倒を見ることだ。

一九五四年二月／韓国第一軍司令官

白善燁《ペクソンヨップ》　大将

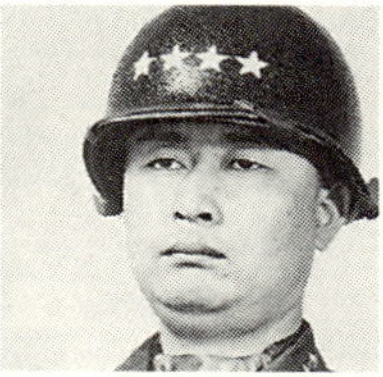

今日、韓国陸軍の現役兵力は五〇万人を超え、アメリカ陸軍に匹敵する陣容を整えている。この国防力は、朝鮮戦争を戦いながら建設したのだから驚くべきことであった。しかも、その建軍は、日本軍、満洲国軍、中国軍と出自もばらばらの一一〇人から始まったのである。

まさに「無」からのスタートなのに、世界有数の陸軍に育ったわけはなんであったのか。韓国よりはるかに条件が整っていた国でも、現代軍の育成に失敗している。それを考えると、やはりこの言葉のような理念が、全幹部の共通認識として定着したからだと言うほかはない。

部下を思う心

一九五一年三月、白善燁《ペクソンヨップ》准将が指揮する韓国第一師団は、漢江《ハンガン》を渡河してソウルを再奪還した。朝鮮戦争の一つのエポックとなる出来事であり、国連軍総司令官ダグラス・マッカーサー元帥は、韓国第一師団を訪問してその功績を称えた。話をするうちにマッカーサーは、「ところで、部隊の給養はどうかね」と白師団長に尋ねた。

最高司令官らしからぬ質問と思い、白師団長は一瞬どう答えてよいものか戸惑ったそうだ。しかし、訊かれた以上は正直に、「主食の米は足りています。しかし、副食物が足りません。甘味品もあればと思います」と答えた。するとマッカーサーは、ジープの後席にいた幕僚に無言で合図した。その場はそれで終わったが、あとで米軍事顧問から「給養は韓国政府の責任なのに、それを元帥に訴えるとは何事だ」と文句を言われたそうである。

この一件があってすぐ、韓国軍全軍に米軍からレーション（携帯口糧）や甘味品が配られた。レーションを開いて見ると、韓国人が好む辛味の利いた献立で、コリア向けということで「Kレーション」となっていた。献立もさることながら、スルメが入っていたことに誰もが歓声を上げた。幸せそうにスルメを口にする将兵を見て、失礼も顧みずマッカーサー元帥に実情を訴えてよかったと、今日なお白善燁将軍は述懐する。

当時、マッカーサー元帥といえば、とてつもない権威があり、年齢は七一歳。これに対する白善燁は、建軍まもない軍隊の准将で三一歳。よくぞ堂々と部隊の実情を伝えられたと思う。戦場では食事くらいしか楽しみがないし、またそれが戦力の根源であることを知っていたからこそ、世界的な人物にも臆せず実情を伝えることができたのだろう。これこそ部隊の面倒を見る、部下の面倒を見ることの実践である。

栄光の韓国第一師団

白善燁将軍は、韓国軍最初の大将であり、参謀総長を二回務め、初代の第一軍司令官であり、韓国軍のシンボルでありつづけている。米軍の軍人も彼らの大先輩、マッカーサー、アイゼンハワー、ブラッドレーと握手した伝説的な人物として最高の敬意を表している。

それはまさに実績に裏付けられた権威である。一九五〇年六月からの朝鮮戦争で、白善燁は五一年四月まで第一師団長であった。この間、第一師団は敵の攻撃を受けて壊乱しなかった唯一の師団であった。緒戦の臨津江《イムジンガン》戦、長く苦しい洛東江《ノクトンガン》までの後退戦、釜山橋頭堡《プサンきょうとうほ》では北朝鮮軍の主力が攻撃してきた多富洞《タブドン》の固守、そして反撃に転じてからは洛東江線突破の先陣、平壌《ピョンヤン》の一番乗りを果たす。
そして今日、北朝鮮の核兵器開発で注目されている寧辺《ヨンビョン》付近で、介入してきた中国軍の大軍に包囲された。しかし、それでも第一師団は死地を脱した。当時を知る韓国軍OBは、「白将軍は、よくぞ第一師団の将兵を無事に連れ帰ってきてくれた」と回顧している。そして北緯三七度線まで下がってから盛り返し、前述したソウル再奪還と続く。

どんな攻撃に遭っても、部隊を壊乱させないコツについて白善燁は、「部隊を固めて使えばよい。たとえ一個大隊六〇〇人でも固まっていれば、壊乱することはない」と語る。また、指揮官が部隊の真ん中でどっしり構えていれば、部隊が支離滅裂になるはずがないとも話す。それがまた指揮官としての責任を果たすことであり、部隊や部下の面倒を見ることなのだと説く。

白善燁は三二歳で大将になったが、韓国軍では中隊長から軍司令官まで、すべての指揮官の経験を持っている。中央勤務ばかりのエリートでは体験できない下積みの生活を知らなければ、部下を統率できるものではない。部下、部隊が何を求めているか、どう面倒を見るかがわからなければ、真の統率はありえないのだ。

われわれは最初に攻撃を開始する部隊になる。この戦争の勝敗は、われわれの双肩にかかっている。わが師団はイスラエル陸軍最高の師団であり、全国民はわれわれの攻撃を期待している。

一九六七年六月五日／北部兵団長　**イスラエル・タル少将**

メルカバ戦車

第三次中東戦争は、イスラエル軍による完璧な先制奇襲の航空作戦で始まった。これに呼応する陸軍部隊が最初に攻撃する正面は、地中海沿岸であり、イスラエルに直接脅威を及ぼしているエジプト軍二個師団を撃滅し、さらに西進してスエズ運河に到達する計画だ。

この任務を負ったのがタル少将であり、与えられたのは、イスラエル軍でただ一つの現役機甲師団である。タルが機甲総監として育成してきた部隊であり、彼はこれに絶対の信頼を寄せていた。「いかなる場合でも機動しろ。できるだけ遠くから射撃し、長射程で敵の戦車や対戦車火器を破壊せよ」と、よほどの自信がなければ言えない指示を与えて出撃した。

イスラエル戦車の父

イスラエル・タルは、一九二四年にイスラエルに生まれたが、第二次世界大戦中はイギリス軍に入隊し、重機関銃小隊の軍曹としてイタリア戦線に従軍している。第二次中東戦争では歩兵旅団長であった。イスラエル軍では一九五六年から戦車の導入が本格化し、そのため多くの者が歩兵科から機甲科に転科した。タルもその一人で、一九六四年一一月に機甲総監となった。

タルが機甲総監に就任したころ、アメリカ製戦車の操縦法に慣れていた戦車兵は、新たに導入されたイギリス製のセンチュリオン戦車に失望し、士気が沈滞していた。被弾時に発火しやすいガソリン・エンジン、操作性が劣る手動の変速機などがセンチュリオン戦車を敬遠する理由だった。

そこでタル総監は、戦車の欠陥を解決できない問題とは考えずに、技術的経験を生かして改良に着手した。この施策は徹底しており、イスラエル軍の戦車は外から見ればパットン戦車やセンチュリオン戦車だが、内部を覗くとまったく違うと言われるようになる。そしてその延長線上に、タルが生みの親といわれる独創的なメルカバ戦車が第四次中東戦争後に登場する。

また、彼は中佐以上の将校を集めて講習会を開催し、射撃技術の向上、整備手順の不備について指摘し、改善を促した。戦車砲の照準規正の正確な実施、射撃課程を創設して現役と予備役の戦車乗員の再訓練が始まった。遠距離射場の建設も重要な施策だった。

その一方、不毛な競争に陥りがちな射撃競技会を廃止し、射撃技能試験を実施し、将校の昇任試験に射撃技能試験を追加するなどの施策が実行に移された。このようなハードとソフト両面の改善があいまって、イスラエル軍戦車部隊の戦力は強化され、士気も高揚していった。

第三次中東戦争での現役機甲師団は、タル少将の信頼を裏切らなかった。エジプト軍の拠点エル・アリシュを二四時間で奪取し、「スエズの水で足を洗う許可を求める」とジョークのきいた無線を発しつつ、六月九日早朝にスエズ運河に到達し、作戦目的を達成したのであった。

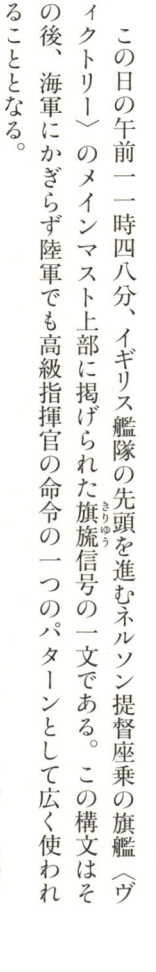

イギリスは、各員が その義務を果たすことを期待する。

一八〇五年一〇月二一日／英地中海艦隊司令長官　**ホレイシオ・ネルソン中将**

この日の午前一一時四八分、イギリス艦隊の先頭を進むネルソン提督座乗の旗艦〈ヴィクトリー〉のメインマスト上部に掲げられた旗旒《きりゅう》信号の一文である。この構文はその後、海軍にかぎらず陸軍でも高級指揮官の命令の一つのパターンとして広く使われることとなる。

明治三八年（一九〇五）五月二七日の日本海海戦時、連合艦隊旗艦〈三《み》笠《かさ》〉に翻《ひるがえ》ったZ旗「皇国の興廃この一戦にあり、各員一層奮励努力せよ」も、このネルソンの命令の意訳とする見方もある。「エブリワン」は単数の「ヒズ」で受ける文法の例文として記憶している人も多いことであろう。これはそれほど広く人口に膾炙《かいしゃ》した言葉となった。

一二本の旗旒信号

もちろん当時は無線などなく、手旗や旗旒信号で連絡しあう時代だった。アルファベットは一つもしくは二つの旗で表示し、頻繁に使われる用語は普通、三つ一組の旗旒で示される。この英文は、「England expects that everyone will do his duty」であり、当初ネルソンが書いた案では、「expects（期待する）」ではなく、「confides（信頼する）」であったという。原案では、統率とは信頼することによって成り立つことが、明確に打ち出されている。

またこのほうが、「イングランド」「コンファイディズ」と韻《いん》を踏むので格好もよいとされる。ところが「コンファイディズ」は、旗の組み合わせが決まっていなかった。一語ごとの旗にしなければならないので、「エクスペクツ」に変更したという。最後の「デューティ」も信号旗が定められていなかったが、これはなぜか逐語とし、四本の旗旒で表示した。合計すると一二本の旗旒でネルソン提督の決心を全軍に伝えたことになる。

海峡部の「この一戦」

一八〇五年、イギリス本土進攻を構想したナポレオンは、ヴィルヌーブ提督麾下《きか》のフランス艦隊に、ツーロンの封鎖を破って大西洋に進出し、西インド諸島に集結してイギリスに向かうよう命じた。フランス艦隊はジブラルタル海峡は抜けたものの、イギリス本土進攻作戦は挫折したものと見て、スペインのカディスに投錨していた。

フランス軍のオーストリア進攻が迫り、その支援のためフランス艦隊はツーロンに戻ることとなった。これを阻止することがネルソンの任務となった。こうして二七隻のイギリス艦隊と三三隻のフランス・スペイン連合艦隊が、ジブラルタル海峡の西北五〇キロ、トラファルガー岬沖で激突することとなった。

ネルソン提督はみずから先頭に立って指揮する一二隻と、副司令官のコリングウッド提督が指揮する一五隻の二列縦隊に分け、不規則な二列縦隊で航走する敵艦隊の中央部から後衛部を突破する隊形で突進させた。コリングウッド提督も〈ロイヤル・ソブリン〉に座乗して先頭に立つ。ここから「司令官先頭」が各国海軍に定着することになった。

当時の海戦の形態は、砲撃しつつ接近し、敵艦に切りこんで止《とど》めを刺すというものだった。備砲は舷側に並べられており、進行方向には砲撃できないので、ネルソンの指示した中央突破戦法はあまり用いられなかった。トラファルガー海戦の場合、この奇策が功を奏したのか、ネルソンの気迫が敵を圧倒したのか、フランス艦隊は一九隻を失い、さらに一一月に入ってから四隻が拿捕《だほ》され、イギリス艦隊は損失皆無という結果となった。

ネルソン提督は戦闘中、フランス艦〈レドゥタブル〉から狙撃され、午後四時三〇分、「神に感謝する、私は義務を果たした」と言い残して息を引き取った。これで標題の命令と対をなして一文は完結したことになる。彼の遺骸はラム酒の酒樽に納められてイギリスに帰り、セントポール大聖堂に埋葬された。またセント・ジェームズ公園の北に設けられた広場は、「トラファルガー・スクウェアー」と命名され、一八四三年にここにネルソン像を戴く一四五フィートの記念柱が完成して現在にいたっている。

イギリスにとって対ナポレオン戦争の勝利を決定づける「この一戦」であり、海峡部での阻止作戦で敵艦隊を殲滅《せんめつ》させたということで、ちょうど一〇〇年後の日本海海戦と世界的にも対比されることとなった。ネルソンは敵縦列を側面から突破して撃破し、東郷平八郎《とうごうへいはちろう》提督は敵前回頭を行なって敵の前進を阻止して撃破した。艦艇そのものが大きく変化しているので同列には論じられないが、伝統的な戦法を打破して圧倒的な勝利を収めた点では共通している。

第2部

決断と責任

あなた方は、腰の軍刀は竹光かと嘲った。
そのとおりだ。
だが張学良軍閥打倒のごときは、
それで充分だ。いざ事があれば、
奉天撃滅は二日とかからん。

昭和六年（一九三一）八月／関東軍参謀
石原莞爾《いしはらかんじ》中佐

一九二八年（昭和三）一二月二九日、張学良《ちょうがくりょう》は国民政府に帰属し、それまでの五色旗を青天白日《せいてんはくじつ》旗に替えた。「易幟《えきし》」である。これで満洲の排日運動は激化し、南満洲鉄道の経営権や在留邦人二〇万人の生命、財産が脅かされることとなった。そこで組織されたのが満洲青年連盟で、満蒙の危機を解決すべしとキャンペーンを張った。
関東軍司令部は、満洲青年連盟が過激な行動に走ることを憂慮し、ご意見拝聴と一席設けた。連盟員の書生論をつまらなそうに聞いていた石原莞爾《いしはらかんじ》だったが、満洲の将

来構想に話が及ぶと、キッとなって発したのがこの一言。石原中佐、四二歳、意気盛んな一言である。

石原マジックの真相

当時、奉天《ほうてん》にあった張学良軍は、北大営《ほくだいえい》に六八〇〇人、東大営《とうだいえい》に約一万人だったとされる。これに対する奉天の関東軍は、独立守備隊第二大隊と縮小編成の歩兵第二九連隊（会津若松）、合わせて一五〇〇人であった。どう見ても勝負になるはずがない。ところが昭和六年九月一八日、満洲事変が突発すると、翌一九日の正午までに張学良軍を一掃し、奉天を完全に制圧してしまった。日本側の戦死者二人、負傷者二五人。これを人は「石原マジック」と呼んだ。

しかし、本当のことを知れば、マジックでも魔法でもない。中国は「良鉄釘《りょうてつくぎ》にならず、好人兵にならず」の土地柄のうえ、馬賊などの集まりである地方軍閥に厳正な規律を求めるほうが無理な話だ。小銃などを持ち出して、市場で売りはらうなど日常茶飯事。これではいけないと、とくに夜間は武器・弾薬の管理を厳重にしたため、武装しているのは営門の衛兵ぐらいのもの。そういう管理の仕方を教えたのは、日本軍から派遣された顧問であった。

なんのことはない、関東軍はかなり前から敵の手足を縛っておいて、蹴りとばすタイミングを測っていたにすぎない。

そんな裏の事情は、手柄話に水を差すから誰も話さない。そこで、「さすがは石原さん」だとなり、陸軍の本流育ちではない彼が、参謀本部の第二課（作戦）長、第一部長の栄職に就くことにもなった。さらにまた昭和一一年の二・二六事件では、これを見事、無血鎮圧したのは石原課長だと言われ、ますます彼の株が上がり、神話となった。

そんな声望を背景に打ち出したのが、世界最終戦争論なるものに立脚した高度国防国家であった。それを達成するためには、二五〇〇万トンの鉄鋼を必要とするとぶちあげた。国力から見て無理だとする商工省の役人に、第一部長の石原莞爾は、「必要だから言っている。大臣が出せないなら、出せる大臣に代わってもらう」とまで言いきった。これを痛快と感じるか、暴言と見るか、意見の分かれるところだが、陸軍少将が口にすべき言葉ではない。そしてこのときが、彼のピークとなる。

失意の天才

陸軍の本流育ちではない石原莞爾は、中央部での人脈はないし、事務的な詰めをおろそかにしがちであった。そのためもあり、支那《しな》事変の拡大を抑えられず、関東軍の参謀副長に転出することになった。ここで参謀長の東条英機《とうじょうひでき》と機密費の問題などで対立し、それからの石原は自分の理想が崩れていくことに苛立ち、常軌を逸した言動が多くなる。受け入れられない天才の悲劇と言うべきか。昭和一六年三月、京都の第一六師団長を最後に石原は陸軍を去った。東条英機陸相の圧力があったことは間違いないにせよ、膀胱疾患《ぼうこうしっかん》の持病があって野戦の勤務は無理だったから、予備役編入も致し方ないところではある。

その後、石原莞爾は東亜連盟の運動を推進し、多くの名講演が記録されている。そんな活動を続けていた昭和二〇年春のひとこま。彼の郷里、山形県の山里に瀬見《せみ》温泉というところがある。石原は、陸羽東線の駅に立った。おりから出征兵士を送っている。ここでの講演を終えた石原は、翻《ひるがえ》る日の丸を見て、ふと昔、仙台の歩兵第四連隊長のときに捧持した連隊旗を思い出したのだろう。そこでもらした言葉が、「ああ、泣いている、泣いている、軍旗が泣いている」。

満洲事変は、支那事変や太平洋戦争とは性格が違うと石原莞爾は語りつづけていた。それが正しい歴史認識なのかもしれないが、昭和六年九月以来、戦火が一五年も続き、戦死者が出ない日は一日としてなかったこともまた事実である。その口火を切った張本人が、涙を流す軍旗を宙に見て、追いつめられた日本と帝国陸軍を嘆いたというエピソードには、複雑な思いがする。

おれは御殿場に行って切腹する。

昭和一九年（一九四四）二月／首相兼陸相兼参謀総長

東条英機《とうじょうひでき》大将

ここを破られたら敗戦は必至という絶対国防圏の要衝《ようしょう》、トラック島が大空襲されて前方拠点としての機能を失ったのは、昭和一九年二月一七日のことであった。これが一つの引き金となり、同月二一日に、東条英機《とうじょうひでき》大将は陸相のまま参謀総長、嶋田《しまだ》繁太《しげた》郎《ろう》大将は海相のまま軍令部総長となった。これで東条は、首相、陸相、軍需相、参謀総長を兼務することとなった。

一人の人物にこれだけの権力が集中したことは、明治維新以来なかったことだ。そこで東条征夷大将軍か、東条幕府かとの批判の声が上がった。その急先鋒が静岡県の御殿場で病気静養中であった秩父宮雍仁《ちちぶのみややすひと》大佐である。秩父宮はお付き武官を差遣《さけん》して、憲法上も問題だった軍令と軍政の混交を指摘して、強く非難した。それに対して東条英機は、周囲にこの一言をもらした。

東条は「東洋のヒトラー」か

昨今、日本の首相や閣僚が靖国神社に参拝することの是非でにぎやかだ。反対する人や国は、「A級戦犯が合祀《ごうし》されている靖国神社を参拝することは、ヒトラーを拝むのと同じではないか」とする。そんなことは内政干渉だ、心の問題だと憤慨する人も、A級戦犯を代表する東条英機の評判が芳しくないので、気勢が上がらないように見受けられる。

ここで、どちらの意見が正しいかを論じるつもりはない。ただアドルフ・ヒトラーと東条英機を同列に扱うと、泉下《せんか》の両人とも気を悪くするぞと伝えたい。ヒトラーは正統派の軍人を嫌っていたから、「軍人と一緒にするな」と怒るはずだ。東条は、これは実際に口にしたことだが、「ヒトラーは伍長上がりである。余は陸軍大将である」と格の違いを強調するにちがいない。

善悪は別として、ドイツの生存圏（レーベンス・スラム）を東方に拡大するという、大きなビジョンを描いて実行に移したのがヒトラーである。それは当然、侵略戦争の計画準備、遂行に当たる。では東条英機はどうだろうか。日本に支那《しな》事変拡大の責任があったとしても、東条個人にそれを求めることはできない。太平洋戦争開戦の決断も、東条に英米撃破という壮大なビジョンがあってのものではない。みんなでない知恵を絞っているうちに、世界的な激動の波に呑まれて戦争になってしまったというのが実情ではなかろうか。

とすれば、絞首刑に処せられた東条英機は同情を集めこそすれ、ヒトラー呼ばわりされる理由はない。ところがなかなか同情の声が高まらないのには、彼個人の資質が問題とされる。

大成しなかった強引な人物

事務に練達した人、カミソリ、これが一般的な東条英機評のようだ。彼を知る人によると、細かい人である反面、叩き切るナタのようなタイプであったそうだ。自分は神経質ながら、強引なことをして人の神経を逆《さか》なでする。だから、彼の評判は悪いというのだ。とくに人の好き嫌いを表面に出し、好みの人を部下に引き抜く。それも一本釣りだから、悪評が高まる。

立場もわきまえずに、人を叱責する。とくにひどかったのは、満洲事変が始まったころ、参謀本部第一課（編制動員）長時代だった。準備もなく始めた満洲事変だから、動員を担当する部署に要求が殺到し、責任者の彼が苛々するのもよくわかる。しかし、よその課の課員にカミナリを落としてもしかたがない。ここでもつれた人間関係、たとえば鈴木率道《すずきよりみち》、小畑敏四郎《おばたとしろう》との対立は、それからの陸軍に暗い影を落としている。関東軍に転出すれば、こんどは愛国婦人会の機密費使用をめぐって彼の夫人がトラブルの種をまく。

では、どうしてそんな東条英機が将官になれたのかと疑問が生まれる。よく知られるように、彼の父親は陸大一期の優等をものにした東条英教《とうじょうひでのり》である。英才と言われながら英教は冷遇され、少将で予備役に追いやられた。それを閥外《ばつがい》の悲哀と理解する人も多く、そんな同情が長男の英機に集まり、「癖はあるが使ってやれ」となったというのがもっぱらであった。

将官になってからの東条英機の栄進は、彼の怒りっぽい性格が部内の統制に好都合と見られたためだろう。陸相になってからの出来事だが、皇居でボヤ騒ぎがあった。東条陸相は激怒して、なんと皇族まで更迭処分にした。このことで、彼ならば部内を統制できるとされ、ついには首相、参謀総長兼務の征夷大将軍にまで昇りつめた。彼を、あの危機の時代に指導者としなければならなかった日本も不幸なことだった。と同時に、東条は今日まで軍国主義の権化《ごんげ》として非難されるべき人物ではない。的外れの非難を浴びる彼に、同情する気持ちがあってもよいだろう。

部下の行為については、喜んで責任を分かつ。戦場で死んだ幾千の日本軍将兵の仲間入りをしたい。

昭和二一年（一九四六）二月／元第一四軍司令官

本間《ほんま》雅晴《まさはる》中将

太平洋戦争の緒戦、フィリピンで起きた捕虜虐待事件「バターン死の行進」の責任を問われた第一四軍司令官の本間《ほんま》雅晴《まさはる》中将は、昭和二一年四月三日にマニラで銃殺刑に処せられた。マニラの法廷で証言した富士子《ふじこ》夫人に遺した言葉がこれである。このときの妻の証言の結び、「いつか一人娘が、私の夫のような男性と邂《めぐ》り合い結婚することを望んでおります。本間雅晴とはそのような人でございます」と並んで記憶されなければならない一言であろう。

難航したフィリピン攻略

本間雅晴はイギリス駐在が長く、陸軍部内では数少ない英米通として知られていた。また陸大を三番で卒業した秀才で、同じく新潟県出身で長く参謀総長を務めた鈴木荘《すずきそう》六《ろく》とも親しく、最初の妻が「今信玄《しんげん》」と言われた田村怡与造《たむらいよぞう》の娘だったこともあり、陸軍幼年学校の出身でないながら、将来を嘱望《しょくぼう》された人であった。それらを買われて、フィリピン攻略の第一四軍司令官に選ばれたのだろう。

開戦前、参謀総長の杉山元《すぎやまはじめ》は南方攻略に向かう軍司令官を集めて、中央の戦略方針を説明した。それによると、フィリピンでの作戦は、ジャワ攻略との関係から五〇日で完了せよとなっていた。これを聞いた本間雅晴は、相手のあることだから、日数で切られても困ると反論した。このことで「本間はなんだ、軟弱な英米派はこれだから困る」と、彼の評価は下がった。これが本間の悲劇の始まりとなる。

大本営《だいほんえい》陸軍部の戦略方針はあやふやであった。マニラやダバオの港湾を押さえればよいのか、それとも敵の主力を撃破するのが目的なのかはっきりしない。米軍はマニラから離れないだろう、ならばマニラ付近で捕捉できるだろう、土地を取るのと敵主力の撃滅は両立するだろうという見込みのようだった。ところが米軍はバターン半島の要塞にこもってしまった。

主力であった第四八師団と第五飛行集団をジャワ攻略作戦に抽出された第一四軍は、バターン半島で苦戦に陥った。結局、増援を受けてこれを制圧したのは五月に入ってからだった。このなかで起きたのが「バターン死の行進」である。非戦闘員を含めて捕虜一〇万人をサンフェルナンドの収容所まで約一〇〇キロ移送するのだが、輸送手段がないため歩かせるほかはない。その結果、一万七〇〇〇人が途中で倒れ、これが重大な捕虜虐待というわけである。

作戦完了まで一五〇日もかかった、損害も大きい、占領地の行政が寛大すぎると、本間雅晴に非難が集中した。勝ち戦《いくさ》に沸きたつなかで、責任追及となり、昭和一七年八月末に本間は予備役に追いやられた。

敗戦処理の大ミス

敗戦後、日本当局は捕虜虐待問題について、連合国が強硬な姿勢を示していることに狼狽《ろうばい》した。その象徴が「バターン死の行進」であった。この問題について、日本側が軽く処罰しておけば逃げられるのではないかと思ったようだ。刑事訴訟の「一事不再理」の原則からすれば、妙案かもしれない。そこですでに身柄を拘束されていた本間雅晴に、「一カ月の礼遇停止」の処分を昭和二〇年一〇月二〇日に下し、ご丁寧にも昭和天皇へ上奏して、裁可を得た。その内容は、一カ月間軍服の着用を禁じるというごく軽いものだったにせよ、処罰には変わりない。

日本側によるこの自主裁判は、ほかでも着手され、東京近辺の俘虜《ふりよ》収容所の所長らを拘束したといわれる。これを連合軍に通告したところ、「自主裁判は認める。しかし、連合国側が行なう裁判とは関係ない」とされた。これで二重に処罰される可能性が出たため、自主裁判は中止されることとなった。

本間雅晴は昭和二〇年一二月、身柄をマニラに移されて法廷に立った。決定的なことではなかったにしろ、法廷では本間に対する「礼遇停止処分」が取りあげられ、「日本の天皇でさえ有罪と認めている」とされてしまった。日本側の早トチリがうまく利用されてしまった形となった。

すべての戦争裁判に言えることだが、どう弁護したところで、復讐が目的だから苛酷な結果になるが、日本側の法廷戦術もまずかった。「こんな高潔な人が、そんな非人道的なことをするはずがない」式の弁護が多い。そのような情緒的な反対弁論ではなく、どこに波及してもよいと腹をくくり、徹底的に事実関係を争うとか、日本軍の名誉を守る論陣を張るべきだったのではないか。九〇〇人を超える刑死者は救えなかったかもしれないが、無形な何かが残ったはずだ。

沖縄県民斯《か》ク戦ヘリ。県民ニ対シ後世特別ノ御高配ヲ賜ランコトヲ。

昭和二〇年（一九四五）六月／沖縄方面根拠地隊司令官

大田実《おおたみのる》少将

沖縄戦の末期、通信途絶に先立ち、大田実《おおたみのる》少将は海軍次官の多田武雄《ただたけお》中将宛に電文を発した。これには「沖縄県民ノ実情ニ関シテハ県知事ヨリ報告セラルベキモ県ニハ既ニ通信力ナク」に始まり、「現状ヲ看過《かんか》スルニ忍ビズ、之《これ》ニ代《かわ》ツテ緊急御通知申上グ」とあり、縷々《るる》県民の献身ぶりを伝え、結びの一節がこれである。

軍が一般民衆について中央に報告することは、異例なことであった。しかも玉砕後の住民に意を配り、対策について懇切に要望したことは、これが太平洋戦争を通じてただ一つの例となった。

居留民保護の伝統

太平洋戦域で陸戦の主力を務めたアメリカの海兵隊《マリンコー》と比べるせいか、日本海軍の陸《りく》戦隊《せんたい》は弱体だったといわれる。海軍は艦艇乗組員が主流であり、水兵さんにゲートル巻かせて小銃を担がせれば陸戦隊が出来上がるという感覚だったのだろう。アメリカの場合、海軍兵学校卒業生の成績上位一六パーセントが海兵隊に入れるという規定があり、成績が優秀な者は進んでマリーンになる風潮がある。

一方、日本海軍ではあくまで砲術、水雷が主流であり、そこからはみ出た者が陸戦の分野に回された。大田実少将も尉官のころ、胸を患って同期よりも二年遅れたので陸戦に回ったとみずから語っていたそうである。

この日米の差は、その目的の違いから生まれた。アメリカ海兵隊はカリブ海における進攻作戦の先鋒を担《にな》うことから始まった。日本海軍の陸戦隊の主任務は、在外居留民の保護にあった。上海《シャンハイ》、漢口《かんこう》など揚子《ようす》江《こう》沿岸部や山東《さんとう》省青島《チンタオ》の居留民、権益の保護のため、佐世保《させぼ》の鎮守府《ちんじゅふ》で陸戦隊を臨時に編成して、駆逐艦に乗せて急行させる。それでも足りなければ、陸軍の応急派兵となる。この居留民保護という伝統は、大田少将の電報のなかにも読みとれるだろう。

継子《ままこ》扱いされた海軍陸戦隊だったが、装備はそれなりのものであった。早くから装甲車、サイドカー、短機関銃を持ち、陸軍よりも優れていた。昭和一九年度の戦車生産量は約五〇〇両だったが、半分以上が海軍向けである。また輸送力もあるため、陣地に鉄筋やコンクリートを多く使い、陸軍のものより強固だった。現在、那覇《なは》市小禄《おろく》に残る海軍壕を見ればよくわかる。

陸戦専門の提督

大田実は、昭和一七年一一月に少将に進級したが、これがおそらく陸戦専門の最初の提督であろう。彼は大正二年（一九一三）卒業の海兵四一期生で、大尉のとき、千葉の陸軍歩兵学校にも通っている。昭和三年の済南《さいなん》事件では中隊長として出動、昭和一一年の二・二六事件では芝浦《しばうら》に上陸した陸戦隊を指揮して帝都警備に当たった。そして昭和一四年には、海南《かいなん》島攻略の陸戦隊を指揮して海口《かいこう》市を占領した。このとき、彼は手回しよく「海軍使用」と印刷した貼紙を用意しておき、占領するとすぐに目ぼしい建物に貼り、陸軍を唖然とさせたエピソードが残っている。

昭和一七年五月には、第二連合特別陸戦隊司令官としてミッドウェーに向かったが、承知のように作戦は中止となった。大田はその後、佐世保海兵団長をはさんで第八連合特別陸戦隊司令官となり、中部ソロモンのムンダ島でアメリカ海兵隊と対決した。佐世保警備隊司令官として帰国したのち、昭和二〇年一月に沖縄に向かった。陸戦一筋の軍歴であり、その能力は陸軍も一目おいていたという。意外と言っては失礼ながら、海軍の軍人には剣道に通じる人が多いが、なかでも大田実少将はピカイチで八段の腕前を誇っていた。

沖縄の海軍部隊は、司令官に陸戦のプロを迎えたものの、その地上戦力は手薄なものであった。総員約八八〇〇人であったが、陸戦に当てられるのは一個大隊六〇〇人にすぎない。アメリカ軍上陸から一カ月後、大田司令官は第三二軍の要請を受け、四個大隊を編成して陸軍に協力した。

五月下旬、海軍部隊は摩文仁《まぶに》付近に集結したが、陸軍部隊の後退を掩護《えんご》するため再び小禄に反転し、そこで大田実少将以下は玉砕することとなる。最後に海軍部隊が交戦したのは、米第六海兵師団であり、この戦闘での同師団の損害は死傷者約一六〇〇人、戦車三〇両と記録されている。

沖縄戦における沖縄県出身の軍人・軍属の戦死者は二万八〇〇〇人、一般県民の死者は九万四〇〇〇人とされる。本土決戦準備に必要な時間を稼ぐために必要な犠牲だったと言うには、あまりに多い死没者数である。そして現在、在日米軍が使用する実質面積の七五パーセントが沖縄県に集中している。これをどうするか。これを考える原点は、大田実提督の言葉にある。

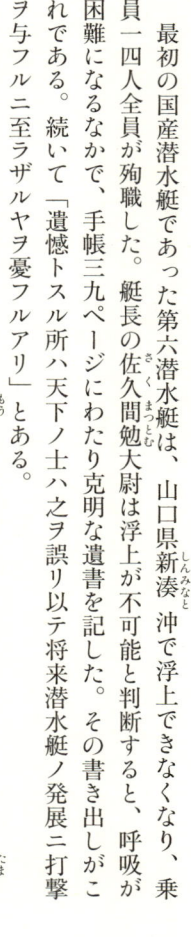

小官ノ不注意ニヨリ
陛下ノ艇ヲ沈メ部下ヲ殺ス
誠ニ申シ訳ナシ。

明治四三年（一九一〇）四月一五日／第六潜水艇艇長

佐久間勉《さくまつとむ》大尉

最初の国産潜水艇であった第六潜水艇は、山口県新湊《しんみなと》沖で浮上できなくなり、乗員一四人全員が殉職した。艇長の佐久間勉《さくまつとむ》大尉は浮上が不可能と判断すると、呼吸が困難になるなかで、手帳三九ページにわたり克明な遺書を記した。その書き出しがこれである。続いて「遺憾トスル所ハ天下ノ士ハ之ヲ誤リ以テ将来潜水艇ノ発展ニ打撃ヲ与フルニ至ラザルヤヲ憂フルアリ」とある。

「公遺言」としては、「謹んで陛下に曰《もう》す。我が部下をして窮する者無からしめ給《たま》はらん事を、我が念頭に懸かるもの之《これ》あるのみ」とある。そのほか事故原因から潜水艦の将来までを記し、その強靱《きようじん》な精神力と透徹した使命感は大きな感動を呼び、「軍神」として崇められ、美談は世界にも広まることとなった。

事故の真相と軍国美談

沈没事故の概要は、以下のようなことであった。この潜水艇は、アメリカの設計図をもとにライセンス生産されたもので、常備排水量五七トン、全長二二・五メートル、水上速力八・五ノットだった。水上ではガソリン・エンジンを駆動し、水中では蓄電池で電動モーターを動かす。船体が小型なため乾舷《かんげん》がほとんどなく、エンジンの給気用に通風筒が艇外に延びている。今日のシュノーケルを想像すればよいだろう。

佐久間艇長は、ガソリン・エンジンを駆動しつつ、約一〇フィート潜航しての航走を試みた。通風筒の上部は水面上に出ている計算になる。しかし、何かの手違いか、高波に襲われたのか、通風筒から多量の海水が流れこんできた。急いで通風筒のバルブを締めようとしたが、チェーンがはずれてしまい、手動で締めはじめたものの、その間にも海水が流れこみ、艇はバランスを失って沈没、着底してしまった。海水によって電気系統がショートし、有毒ガスが発生したり、ガソリンが流れ出たりして、全員殉職という悲劇となった。

事故査問委員会の報告は、独断でガソリン・エンジン駆動中の潜航実験を行なったことは、訓令の範囲を逸脱するものとした。もし佐久間艇長が生還していたならば、その責任は免れないとまで厳しく非難している。このように海軍当局は、真相追及は冷徹に行ない、その一方で、潜水艇の研究のためにあえて危険な作業を敢行した精神は特筆すべきことと広報したのである。

そして本来ならば、秘密の多い潜水艦の事故は海外に知られたくないのだが、この場合は各国武官を通じての広報にも積極的であった。海外の反響も大きく、この遺書は英訳され、イギリス海軍の潜水艦乗組員の教範ともなったという。また、アメリカでは大使館付武官だった山口多聞大佐が英訳した遺書をメディアに提供し、大きな反響を呼んだ。

もちろん日本国内では特大に報道され、呉《くれ》での葬儀には二万人の会葬者が参列し、義援金は五万六〇〇〇円にもなった。このような世論の高まりを背景に、佐久間艇長の神格化はさらに進み、海軍は悲願の八八《はちはち》艦隊（戦艦八隻、巡洋戦艦八隻）の建造に邁進《まいしん》していく。

なお、この六号艇は国宝扱いで呉の潜水学校に保管されていた。しかし終戦後、上部を破壊されて浮桟橋として使われ、昭和二九年に解体された。

甲乙決めがたいときには、自分はより危険性があっても積極策をとる。

昭和一三年（一九三八）／戦艦〈伊勢〉艦長
山口多聞《やまぐちたもん》大佐

昭和一七年六月六日、ミッドウェー海戦で戦死した第二航空戦隊司令官の山口多聞《やまぐちたもん》少将の言葉だが、常々口癖にしていたので、いつの発言とは特定できない。ここでは部下の訓育に情熱を傾けていた戦艦〈伊勢《いせ》〉艦長時代としておきたい。また、「人間死ぬか生きるかの瀬戸際に立って判断に迷うようなときには、まっしぐらに死に突っこむことだ」とも語っていたという。

日本海軍では、艦長は艦と運命をともにするのが不文律のようになっていたが、司令官は退艦してもなんの差し支えもない。むしろ艦隊や戦隊の指揮が中断しないよう、沈没する艦艇から生還することが求められる傾向にあった。しかし、山口司令官は炎上する空母〈飛龍《ひりゅう》〉に加来止男《かくとめお》艦長と共にとどまり、戦死を遂げた。ここにおいて彼は、一生の言動を完結しえた。

気の強いエリート

山口多聞は海軍兵学校四〇期生、ハンモック・ナンバー（卒業序列）はなんと二番、一番は総力戦研究所の所長を務めた岡新《おかあらた》だった。同期生でのちに連合艦隊参謀長となる宇垣纏《うがきまとめ》や福留繁《ふくとめしげる》よりも序列が上だ。

山口は大尉のとき、プリンストン大学に二年留学、ロンドン会議の随員、大佐のときは駐米武官。超エリートコースを歩んだ人で、つい青白い秀才を思い浮かべてしまうが、中央官衙の勤務はごく少ない。実際の山口は、連合艦隊参謀、〈五十鈴〉〈伊勢〉の艦長をこなしたシーマンだ。丸々と太った大食漢で、楠木正成《くすのきまさしげ》の幼名、多聞丸《たもんまる》からとった名前のとおり積極果敢な人であったという。

ミッドウェー海戦での山口多聞は、積極的な指揮に徹した。米機動部隊発見の第一報に、山口は「ただちに攻撃隊発進の要ありと認む」と艦隊司令部に強く意見具申《いけんぐしん》したが、受け入れられなかった。それどころか攻撃隊の発進は、二時間後になる見込みと知り、山口は「こんなことでは駄目だ」と慨嘆したという。この決定的な場面にかぎらず、機動部隊らしからぬ及び腰を山口は苦々しく思っていた。それが一つに、生還の道をみずから拒んだ理由でもあったろう。

海軍の機能は、攻撃だけと言っても過言ではない。わがほうが半分沈められても、敵を全部沈めれば勝ちだという考え方を持ちつづけることが海軍の本領なのだ。ところが太平洋戦争での日本海軍は、この点が徹底していない。とくにハンモック・ナンバー上位の者にこの傾向が強い。

そこで積極果敢なエリートとしての山口多聞の存在が目立つ。そのために部内で疎《うと》んじられ、戦艦の艦長を終えた彼は、傍流の航空畑に回され、中国戦線の第一連合航空隊司令官に転出したのだと思う。第二航空戦隊司令官に山口をあてたのは、機動部隊に喝《かつ》を入れる山本五十六《やまもといそろく》連合艦隊司令長官の秘策だったという話もある。

喝を入れるならば、山口多聞の戦意旺盛な意見がすんなり反映するポストはほかにあったのではないだろうか。山口の積極果敢さが生かされなかったことは、日本海軍の敗因の一つにあげられる。

いやしくも艦隊戦闘を、運や成行きにまかせることはできない。

一九一六年六月／イギリス大艦隊司令長官　**ジョン・ゼリコー大将**

グランド・フリート

この発言は、「というのは、わが艦隊は大英帝国の存亡にとって、それを左右するものであり、かけがえのない至宝であったからだ」と続く。いつの発言かは定かではないが、第一次世界大戦中の一九一六年五月に起きたジェットランド海戦後のものと見ると、状況に適合する。

なぜ史上最大の艦隊決戦が、決着のつかないまま終わったかを明快に説明したフレーズだからだ。

ネルソンになれたチャンス

戦艦二二隻、巡洋戦艦五隻を基幹とし、戦艦〈フリードリッヒ・デア・グロッセ〉を旗艦とするドイツ大海艦隊は、積極的なラインハルト・シェーア提督に率いられて、イギリスの大艦隊（グランド・フリート）に挑んだ。潜水艦や機雷のある海域に誘いこんで分散させ、各個に撃破する構想だった。

この挑戦に応じた戦艦〈アイアン・デューク〉を旗艦とするイギリス艦隊は、まさに史上最強であった。戦艦二八隻、巡洋戦艦九隻、大型装甲巡洋艦八隻を基幹とし、駆逐艦など補助艦艇は一〇四隻を数えた。主力艦の片舷火力は三二〇門対二〇二門、総合戦力的には八対五でイギリス艦隊が優勢である。正面からぶつかれば、ゼリコー提督がネルソンの再来となることは確実と見られていた。

一九一六年五月三一日、午後二時過ぎに両艦隊は互いに視認し、大海戦が始まった。複雑な艦隊運動のなか、ドイツ側の正確な砲撃を浴びたイギリスの巡洋戦艦三隻は、装甲の欠陥から轟沈《ごうちん》した。しかし、依然としてイギリス艦隊の優勢は変わらず、午後七時から最終局面を迎えた。ドイツ艦隊はイギリス艦隊の進路を直角に横切るかのように進んでくる。

ここでイギリス艦隊は、敵艦隊の頭を押さえて集中射撃を浴びせる理想的なT字戦法が可能となり、七時一二分から三三隻の主力艦による砲撃が始まった。日本海海戦以上の完璧な勝利が目前と思われた。ところがどうしたことか、同一八分、ゼリコー提督直率の戦艦群は針路を変えて敵から遠ざかった。魚雷の脅威を回避するためだったとされる。敵殲滅《せんめつ》のチャンスは永久に失われた。そしてゼリコーはネルソンにはなれなかった。

なぜゼリコーは、敵の頭を押さえつづけて砲撃を続行しなかったのか。ドイツの駆逐艦、潜水艦の魚雷攻撃や機雷がそれほど脅威だったのか。真の理由は、まさに標題の一言に尽きる。

人員の損害は、イギリス側約六〇〇〇人に対してドイツ側約三〇〇〇人。これだけを見ればドイツの勝利となるが、シーパワーを保全したイギリスは、第一次世界大戦の終結までドイツを海上封鎖しつづけたのである。そんな観点からすればゼリコーの選択は正しい。さらに現代戦においては、一回の海戦にすべてを賭けてよいものかという根源的な問いかけもここにある。しかし、針路はつねに敵に向けるという海軍の伝統的な敢闘精神が薄れたこともまた事実であった。

戦闘にあたって資材の補給と集結を遺憾なからしむることは、指揮官と幕僚の最大の責任である。

一九三六年／労農赤軍国防人民委員　**ミハイル・トハチェフスキー元帥**

今日なお斬新さを失っていないとされる一九三六年版『赤軍《せきぐん》野外教令』の綱領に記載された言葉である。この人が粛清されなければ、独ソ戦の帰《き》趨《すう》も違ったであろうと語り継がれているトハチェフスキー元帥の戦術思想は、この一言によく表われている。敵陣奥深くまで制圧し、一挙に突破するという現代戦のドクトリンを構築したのは彼であった。トハチェフスキーは、生まれたばかりの赤軍の「知性」として迎えられ、一九三七年四月末、スターリンによる赤軍大粛清のなかで消息を絶った。

赤い近衛士官

トハチェフスキーを語るには、一二世紀の昔にまで遡《さかのぼ》らなければならない。古くから開けたベルギー西部からフランス北部を中心に君臨したフランドル伯家の一員が、十字軍に加わり聖地エルサレムに向かった。この人はイスラム軍の捕虜となり、その子孫がロシアに移住した。トハチェフスキー家の始まりである。ヨーロッパの交差点にあった家柄だから、系図をたどれば、彼はヨーロッパの王族や貴族の多くと姻戚関係があったそうだ。

トハチェフスキーは士官学校に入り、近衛の騎兵将校となって第一次世界大戦に従軍し、一九一五年にワルシャワでドイツ軍の捕虜となった。脱走の常習犯のため、ミュンヘンの北、インゴールシュタットの要塞監獄に監禁された。シャルル・ド・ゴールもここに収容され、二人が親交を深めたというのも、歴史的な挿話であろう。本国ロシアで二月革命が起きたと知ったトハチェフスキー中尉は、居ても立ってもいられず、脱獄不可能とされた要塞監獄を脱走した。このとき、同房の捕虜に「この一年のうちに、おれは将軍になるか、それとも死体になっているかだ」と大見得を切ったという。

脱走に成功してペテルブルクにたどり着いたトハチェフスキーは、なんと赤衛軍に加わった。なんでこの貴族が共産党を支持したのか、事のはずみとしか説明がつかない。それにしても貴族出身の将校というだけで銃殺された時代に、よくも受け入れられ、すぐに中隊長に選ばれたものだ。よほどの軍事的才能と人間的魅力を備えていたのだろう。レフ・トロツキーもトハチェフスキーに注目し、「赤いナポレオン」と呼ばれた彼を軍の中枢部にすえることになる。

「長い腕」の戦略構想

ソ連は革命直後から三年間にわたり、国内の反革命勢力と干渉する各国軍とに包囲された形となった。これは「内線の位置」と表現される。この位置にあって勝利を収めるには、敵が一つに固まる前に、各個に撃破していくしかない。そのために求められるのは、連続不断の機動力である。騎兵出身のトハチェフスキーは、それを実感することができた。

内戦や干渉戦を乗りきったソ連軍には、二つの問題があった。一つは各級指揮官の軍事的知識と経験不足であり、もう一つは科学技術の後進性であった。これを克服するために、一九二二年四月にドイツと締結したラッパロ条約が利用された。ドイツは、ドイツ国内で製造が禁止された装備をソ連で生産して訓練し、ソ連はその技術を学び、ドイツ国内で軍事的教育を受ける場を得た。トハチェフスキーは、ハンス・フォン・ゼークトから直接指導を受ける機会もあったとされる。

このように軍の近代化という点では、ソ連とドイツは同じ根っこを持っている。当然、その向かう方向は同じであり、それは軍の機械化であった。これによって戦闘の継続性が向上し、野戦部隊を縦長に配置することが可能になり、敵に連続して打撃を加え、これを殲滅《せんめつ》することが期待できるようになる。これがすなわち「縦深《じゅうしん》戦略理論」と言われるもので、作戦的には「全縦深《じゅうちょう》同時制圧」と呼ばれることになる。

ルールやザールといった西欧の中枢部深くまで打撃を加えるには、「長い腕」が求められる。そこで空挺部隊が考え出される。航空機から飛び降りるなど当時では奇想天外なことであったが、それを世界で最初に実用化したのはソ連軍であり、その運用法を創出したのはトハチェフスキーだったとされる。一九三〇年四月、パラシュートの国内生産が始まり、三一年には小型戦車や火砲など重装備の空中投下を含む演習を実施している。

一九三六年、トハチェフスキーは東西二正面で縦深攻撃が可能になったと宣言した。これは地上軍の機械化の促進と両正面に空挺部隊の配置が完了したことによる。だが、彼の声望が高まるにつれ、スターリンは政敵の出現ととらえ、彼を粛清した。

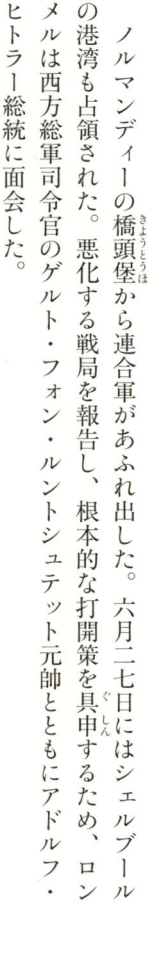

わが総統、歴史は私に われわれが置かれている 全般的な状況について申し上げることを 求めています。

一九四四年六月二九日／ドイツB軍集団司令官　**エルヴィン・ロンメル元帥**

ノルマンディーの橋頭堡《きょうとうほ》から連合軍があふれ出した。六月二七日にはシェルブールの港湾も占領された。悪化する戦局を報告し、根本的な打開策を具申《ぐしん》するため、ロンメルは西方総軍司令官のゲルト・フォン・ルントシュテット元帥とともにアドルフ・ヒトラー総統に面会した。

意見具申は当然、「全般的な状況」すなわち政治的な問題に及ぶ。話しはじめたロンメルに、ヒトラーは話を軍事情勢に限るよう求めた。黙っていれば、意見具申は休戦まで発展しかねない。これを三度繰り返し、最後にヒトラーは、「元帥、貴君はこの部屋から出ていったほうがよろしいと思う」。
これがロンメルがヒトラーに会った最後となった。

ヒトラーとの出会い

第一次世界大戦中、ロンメルはイタリア戦線での戦功で、「プール・ル・メリト勲功章（ブルーマックス）」を得ている。これによって敗戦後、一〇万人に縮小されたドイツ陸軍に残ることができた。しかし、歩兵の第一線指揮官としての才能が評価されてのことで、将来のドイツ軍の中枢を担う人材として認められたわけではなかった。軍歴二〇年で少佐という遅い昇進が、それを物語っている。

一九二九年、ロンメルはドレスデンにあった歩兵学校の教官となり、ここでの講義をまとめた『歩兵は攻撃する』という著作を発表した。彼自身の戦闘体験をもとにしたこの本はベストセラーになったが、その熱心な読者の一人にヒトラーがいた。これがなければ、ロンメルは平凡な軍人としてその一生を終えたであろう。

大佐に進んだロンメルは総統護衛隊長となり、一九三八年一〇月のズデーテン進駐、翌三九年三月のプラハ進駐と、つねにヒトラーのかたわらにいた。そして第二次世界大戦の緒戦、ポーランド戦のとき、ロンメルは少将に進級して総統本営司令官となり、ヒトラーの側近の地位を固めた。フランス戦では第七機甲師団長を務めたが、この抜《ばっ》擢《てき》もヒトラーの推薦による。

敵からも称賛されたロンメルの戦歴は語るまでもないだろう。開戦から三年間で五回昇進し、元帥にまで昇りつめたと知れば、それで充分だ。その華麗な勝利は、作戦戦術の原則を無視した冒険によって得られたケースが多かった。そのためドイツ参謀本部の正統派から見れば、危ういかぎりのもので、ロンメルを変人扱いしていたのも事実である。しかし、誰もが黙って見守るほかなかった。参謀総長のフランツ・ハルダーですら、「一番高いところにいる御仁《ごじん》が支援している」から諦めるしかなかったと語っている。

ノルマンディーの戦い

北アフリカから帰還したロンメルは、イタリア戦線からフランスのB軍集団司令官に回った。機動戦の達人は、こんどは防御に心血をそそぐ。敵がまだ海のなかにいる「最初の二四時間がすべてを決する」というもので、ロンメルは上陸のその日を「一番長い日《ザ・ロンゲスト・デー》」になると語った。これはすなわち水際《すいさい》で敵を撃破するとの構想である。

正統派はこれに反対で、彼らの構想は機甲部隊が内陸部で機動戦を挑んで侵攻軍を撃破するというものであった。ロンメルは連合軍の強大な航空戦力を重視し、自由な戦場機動は不可能であると主張した。現実にはロンメルの危惧どおりになったのだが、高級司令部のあいだで作戦構想が一本に絞られていなかったことが、ノルマンディーでの敗北の一つの原因となった。

連合軍の橋頭堡を一掃できないことがはっきりしたとき、冒頭の会議となり、ロンメルは遠回しながら休戦も含めた最終的な判断をヒトラーに求めたわけである。この席で、ロンメルはヒトラーに、「あなたは自分を信頼せよと言っておられるが、あなた自身がわれわれを信頼していないではないか」とまで迫った。さらには、「私はドイツの問題について語ることなく、この場を去ることはできません」と直言し、ついに政治的問題にまで言及したのであった。

ヒトラーは激怒した。あれほど目をかけてきた男に裏切られたという思いもあるし、軍人が政治に関与するとは何事かというわけだ。ここでも政治と軍事の関係の難しさが露呈する。クラウゼヴィッツの『戦争論』をバイブルにしても、なお解答が見出せない問題が横たわっている。

この緊迫した会議の一カ月後、七月二〇日にヒトラー暗殺未遂事件が起こる。ロンメルは事件の背後にいるとされ、自決を強要された。こうしてロンメルとヒトラーの関係は、悲劇的な決着を見た。

スターリングラードを放棄すれば、
わが国民の士気は損なわれるでしょう。
後退しないことを誓います。
われわれは市を守り抜くか、
死ぬかであります。

一九四二年九月一二日／ソ連第六二軍司令官　**ワシリー・チュイコフ中将**

一九四二年八月末から九月初頭にかけて、ドイツ第六軍によってスターリングラード（現ボルゴグラード）は包囲され、ソ連第六二軍はボルガ川を背にして孤立した。ボルガ川東岸へ撤退かと思われたとき、ニキータ・フルシチョフを政治委員とする戦線軍事評議会は、第六二軍司令官にチュイコフ中将を指名した。決意のほどを尋ねられたチュイコフの答えがこれである。

それから翌年二月まで、チュイコフ中将はスターリングラードを離れずに史上最も

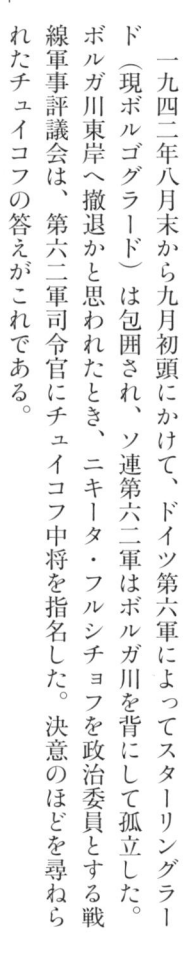

苛烈な市街戦を戦い抜き、第六軍を壊滅させ、東部戦線の帰趨《きすう》を決定づけた。そして一九四五年四月から五月にかけてのベルリン攻略戦では、チュイコフは第六二軍を改称した第八親衛軍を率いて市内に突入し、ドイツ軍の降伏を受け入れる栄誉をものにした。

「道の始まり」

ワシリー・チュイコフは、一九三九年初頭まで重慶《じゆうけい》駐在の武官であった。この経歴からして、勇ましいだけの軍人ではないことがわかる。また独ソ戦の緒戦を第一線で体験していなかったので、自信喪失などの心理的影響を受けていないことも幸いしたようだ。

スターリングラードの市街は、ボルガ河右岸の南北五〇キロに広がっており、奥行きは川岸から四キロといったところだ。南部が旧市街、北部は労働者のアパート群に囲まれた工業地帯となっていた。ここでは一つの建物、瓦礫《がれき》の山が、連隊や師団の攻撃目標となった。距離もキロからメートル、さらに何歩が単位となり、住居表示で目標が指示される市街戦となった。そして下水、地下室と地表の戦い、これは「ラッテン・クリーク（ネズミの戦い）」と呼ばれた。

ソ連軍のスローガンは、「兵士一人一人が要塞だ、ボルガの向こうに国土はない、戦うか死ぬか」であった。

第六二軍は増援を受けつつ粘りに粘った。一一月初旬、チュイコフが確保していた地域はスターリングラード全体の一割以下、ボルガ川沿い数キロにわたる小さな橋頭堡の連なりにすぎなかった。ドイツ軍将兵の合言葉、「あと一〇〇メートル」は本当だった。一一月一八日、ドイツ軍は最後の力を振りしぼってケリをつけようとしたが、翌一九日に戦線の背後でソ連軍の反攻が始まって作戦中止となり、「征服されざる一〇〇メートル」が残って固守が成し遂げられた。

苛酷な統率、スラブの民族性など勝因はさまざま考えられるが、やはりチュイコフの固い意思が決定的なものとなった。最初、軍の戦闘指揮所は市街を一望できるママイの丘にあったが、ドイツ軍の砲爆撃を受けて機能を失ったため、旧市街の地下壕に移動した。ここも敵に肉薄されたため、司令部はいったんボートで対岸に渡ってから、河岸北部の断崖に開けた穴に入った。機関銃の射撃を浴びながらも、チュイコフはそこを動こうとはしなかった。

こうしてベルリンに向けて栄光の進撃が始まった。著名なチュイコフ回想録の原題は、『道の始まり』である。

作戦が失敗した場合の、すべての責任は私にある。

一九四四年六月五日／連合軍最高司令官　ドワイト・アイゼンハワー大将

ノルマンディー上陸作戦の前日となる一九四四年六月五日の夕刻、イギリス本土で待機する連合軍三〇〇万の将兵は祈りを捧げていた。その頂点に立つアイゼンハワー大将は、その両肩に輝く合計八つの星一つひとつが一トンにも感じられる重圧感にあえいでいた。

入念に練りあげた計画も、人知が及ばない天候に支配された。すでに五日の上陸は悪天候で中止されている。一時的な天候回復との予報を信じて六日に決行するか、万全を期して延期すべきなのか。決断できる者はただ一人、アイクだけなのだ。

少佐一六年の苦労人

ドイツ系移民の子孫であるアイゼンハワーは、ウエスト・ポイントの陸軍士官学校での成績は芳しくなかったが、フォート・レブンワースの指揮幕僚大学は首席で卒業した。その成績を買われて戦史編纂委員に選ばれ、第一次世界大戦史を研究するためヨーロッパの戦跡をめぐり、鉄道、道路、地形に通暁《つうぎょう》した。その後、陸軍次官補として軍需品の生産と輸送の業務に当たる。まさに第二次世界大戦でのヨーロッパ戦線を指揮するために軍歴を重ねてきたような人だった。

しかし、軍縮時代は軍人にとって冬の季節であり、アイゼンハワーはなんと少佐を一六年も務めたのである。そのうち八年間は参謀総長副官とフィリピン軍事顧問先任補佐官だが、ともに上司はダグラス・マッカーサーだったというのも歴史の奇遇というべきか。このまま平時が続けば、アイゼンハワーは中佐で退役となっただろうと語られている。

四年間のフィリピン勤務ののち、日本経由で帰国したアイゼンハワーは、一九四一年六月に第三軍参謀長となり、同年九月のルイジアナ州での大演習（ルイジアナ・マヌーバー）に参加して注目を浴びる存在となった。

そして三カ月後の一二月、真珠湾攻撃となる。アメリカが世界大戦に突入するとなったとき、陸軍参謀総長のジョージ・マーシャルは、アイゼンハワーに注目した。そして彼を参謀本部に転属させて戦争計画次長、次いで初代の作戦部長に登用して、対ドイツ作戦計画を立案させた。

一九四二年六月、アイゼンハワーは米陸軍ヨーロッパ戦域司令官となってイギリスに渡った。その後、北アフリカ、イタリアへの進攻作戦を指揮し、四三年一二月に連合軍最高司令官に就任する。最高司令官のポストにはマーシャルが就任する予定であったが、統合参謀本部のメンバーが一致してマーシャルが抜けることに反対したため、この人事となった。

Dデーの決断

ドイツ本土を目指し、フランス上陸の「オーバーロード」作戦のため、大規模な集中が行なわれた。兵力三〇〇万人、艦艇六〇〇〇隻、航空機一万四〇〇〇機、軍需物資六五〇万トン、その重さで「イングランドが沈んでしまう」とまで言われた。

これをフランスのどこに上陸させるか。ベルリンを東京とすれば、カレーは山口、ノルマンディーは鹿児島といった位置関係にある。カレー一帯は海峡が最も狭いうえに港湾が多い。そのためドイツ軍は、この正面の防備を重視している。そこで連合軍は、敵の配備が薄い所を狙うという渡河作戦の原則どおり、ノルマンディーに上陸することになった。これは戦略的に重大な決断であった。

上陸作戦には空挺作戦が併用される。その行動を容易にするため、月明かりが必要となる。また上陸海浜の障害物を処理するため、早朝は干潮の日が望ましい。これらの条件を満たすのは、六月では五、六、七日の三日間。事前砲爆撃の精度を高めるため晴天が好ましく、海上が荒れると揚陸作業が困難になる。そして「天候はつねに中立」なのである。

六月五日は悪天候のため作戦は中止された。では六日をDデーとするか。天候回復の見込みは幾分あるが確実ではない。しかし、また中止となると艦艇の燃料補給のため七日決行は無理となる。次に条件がそろうのは、少なくとも二週間後、確実なのは四週間後となる。機械は待つことができるだろう。

しかし、アイゼンハワーが比喩《ひゆ》したように、極限まで巻きあげた「人間のバネ」は待つことができない。二度の中止で緊張の糸が切れたならば、どうなるのだろう。そこに最高司令官としての苦悩があった。

作戦会議の雰囲気は、もう待てないと、決行に傾いた。それでもアイクの熟考は続いた。そして決断を下した。「……私に選択の余地はない。行こう、諸君」、そして頭書の言葉が続く。彼の記録によれば、米東部標準時（サマータイム）で六月五日午前四時一五分であった。

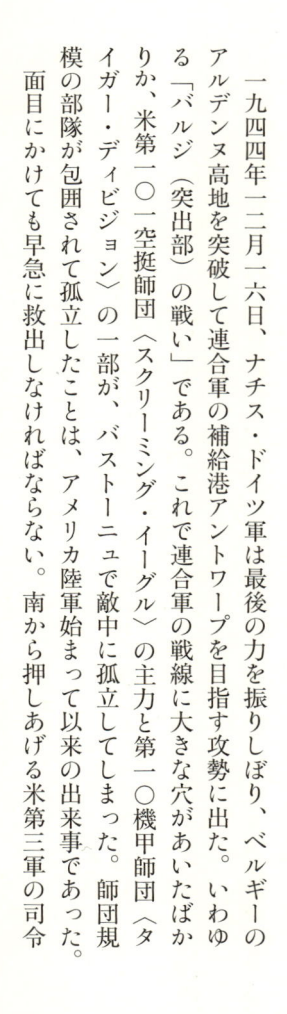

勝利は、危険のなかにこそ存在する。

一九四四年一二月二六日／米第三軍司令官　**ジョージ・パットン中将**

一九四四年一二月一六日、ナチス・ドイツ軍は最後の力を振りしぼり、ベルギーのアルデンヌ高地を突破して連合軍の補給港アントワープを目指す攻勢に出た。いわゆる「バルジ（突出部）の戦い」である。これで連合軍の戦線に大きな穴があいたばかりか、米第一〇一空挺師団〈スクリーミング・イーグル〉の主力と第一〇機甲師団〈タイガー・ディビジョン〉の一部が、バストーニュで敵中に孤立してしまった。師団規模の部隊が包囲されて孤立したことは、アメリカ陸軍始まって以来の出来事であった。

面目にかけても早急に救出しなければならない。南から押しあげる米第三軍の司令官ジョージ・パットン中将は気負い立ち、将兵のあいだを駆けずりまわって、「クリスマスまでにバストーニュに入るぞ」とハッパをかけつづけた。熱血親父の本領発揮の場面だ。

バストーニュ突入

米第三軍は、ルクセンブルクの南からザール地方を目指して東進していた。これを九〇度方向転換するのだが、補給系統を全面的に変更しなければならないので大仕事だ。第三軍が二三万五〇〇〇人分の食糧、三〇万ガロンの燃料を集積しなおし、一三万両の車両を一斉にターンさせて北進を始めたのは、一二月二〇日前後のことで、この素早さは歴戦のパットンならではの手腕である。

四八時間で一六〇キロも急進した第三軍の第四機甲師団〈ブレイク・スルー〉の先頭は、一二月二六日朝にバストーニュの町を遠望できる地点に到達した。この支隊の指揮官はのちに陸軍参謀総長となり、M1戦車の名前にもなったクレイトン・エイブラムス中佐であった。

計画ではここから町の西に回りこみ、後続部隊の到着を待って、態勢を整えてから包囲陣内に入ることになっていた。いわゆる解囲《かいい》作戦では、敵と味方が錯綜《さくそう》して同士撃ちが起きかねないので、慎重さが求められる。

戦場を注意深く観察したエイブラムス中佐は、西に迂回することなく、直接包囲陣内に突入したほうが損害が少ないと判断し、その旨意見具申《いけんぐしん》した。包囲陣内の第一〇一空挺師団やその上級部隊との調整という厄介な問題があり、結局、軍司令官の決断を仰ぐことになった。パットンは即断した、「もちろんだ、すぐやらせろ」。「本当によろしいか」と念を押すヒュー・ガッフィー師団長に、「黙れ！ 勝利は、危険のなかにこそ存在する」。

親父のお墨付きをもらったエイブラムス中佐は、葉巻をくわえて一言、「今から友軍のところに行くぞ」。暗くなりかけた午後四時二〇分に躍進を始め、最後の六キロを三〇分で突破し、同士撃ちの事故もなく包囲陣内に飛びこんだ。パットンは一日遅れで公約を果たした。

自己を演出する能力

カリフォルニアの名家に生まれたパットンは、なかなかの教養人であった。それは古典の名句を引用した訓示の数々からもうかがえるし、古戦史にも詳しかった。ところが時と場合によっては、ギャングもあきれるような感情的、瀆神《とくしん》的な言葉、いや怒号で終始する。ガッデム（畜生）、サナバビッチ（クソッたれ）など俗語、卑語のオンパレードで、「おれ一人でドイツ野郎をやっつけてやる」と大言壮語する。そして訓示は「血と根性」で締めくくるのがつねだった。

そこでついたニックネームが前述した「熱血親父（オールド・ブラッド&ガッツ）」。服装もまた個性的であった。騎兵出身らしく、磨きあげたヘルメット、乗馬ズボンに長靴、腰には象牙のグリップの拳銃といった出立ちだった。

これを過剰な自己宣伝と見る人は、パットンを嫌った。とくにメディアは彼に好意的ではなく、そのスキャンダルを誇大に報じる傾向があった。戦場恐怖症の兵士を罵《ば》倒《とう》して殴るなど、民主主義国家の軍隊にあるまじき将軍とまで酷評され、更迭どころか退役を求める声すら上がった。それでもアメリカ陸軍は、パットンを要職で使いつづけた。彼には将兵の士気を鼓舞する何かがあり、余人をもって代えがたかったからだ。

つねに死の危険がある戦場に生きる将兵には、パットンの存在がまぶしく輝き、どんなに苦しい状況に陥っても、「熱血親父が何とかしてくれるさ」という信頼感となった。それはついに、崇拝の対象にまでなり、「パットンの第三軍で戦った」と言えば、軍歴を細かく語らなくても、歴戦の勇士と認められたそうである。そこまでの存在になるには、自己を演出する卓越した能力が求められる。それを芝居気だと言ってしまえばそれまでだが、自分をヒーローとして演出できる能力も、戦場における名将に不可欠な要素である。

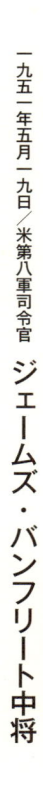

この攻撃にきみたちの首を賭けてくれ。反撃はいつからだと？遅滞なくだ。

一九五一年五月一九日／米第八軍司令官　**ジェームズ・バンフリート中将**

朝鮮戦争に介入してきた中国軍は、無尽蔵とも思える兵員を背景に人海戦術を展開して、韓国軍と国連軍を苦しめた。その一つが一九五一年の五月攻勢であった。火力が発揮しにくく、しかも劣勢な韓国第三軍団の正面に狙いを定め、中国軍は太白《テベク》山脈沿いに大攻勢に出た。たちまち戦線に大きな穴が空いたため、西からは米第三師団〈ロック・オブ・ロレーヌ〉が、東からは韓国第一軍団が反撃することとなった。

反撃を命令されたジーン・ライディングス少将と白善燁《ペクソンヨップ》少将が戦場のど真ん中、太白山脈の西麓に召集された。そこへ軍司令官のバンフリートが連絡機に乗ってやって来た。付近の山にはすでに中国軍が布陣しており、対空射撃が集中し、バンフリートの乗機は被弾して白い煙を引いて着陸した。バンフリートは連絡機のかたわらに二人を呼び寄せて、小さな地図を指さしながら作戦構想を示し、この一言を残すや、すぐに機上の人となって去っていった。

典型的な野戦型将帥

ジェームズ・バンフリートは、朝鮮戦争で三代目の第八軍司令官で、約二年間の長い勤務であった。彼はドワイト・アイゼンハワーやオマー・ブラッドレーとウエスト・ポイント（米陸軍士官学校）の同期で、一九一五年組である。ところが軍紀上の問題で誤解され、進級が遅れた。一九四四年六月のノルマンディー上陸のさい、同期のアイゼンハワーが連合軍最高司令官で大将なのに、彼は大佐でユタ・ビーチ上陸の第一波、第四師団〈アイビー〉第八歩兵連隊長であった。

しかしその後、バンフリートは迅速に空挺部隊と連携するなど、その戦術手腕が認められ、かつ誤解も解けて異例の昇進を重ねることとなる。三カ月ごとに進級し、第二次世界大戦の終戦時には中将で第三軍団長であった。朝鮮戦争中に大将に昇進したが、レブンワース（指揮幕僚大学校）にも行かず、ワシントン勤務もないのに大将まで昇りつめた例は、戦後では珍しい。

このような経歴であるから、バンフリートにとっては野戦がすべての基準であった。どんなに危険があっても、指揮官はみずから緊要な場所に足を運び、直接命令を下すべきだとする。この一言を発した場面はその典型だ。命令を受けた白軍団長は、「何よりも軍司令官の意図と決意のほどがはっきりとわかった」「クビにされたらたまらないと思った」と述懐している。これがもしも、後方にある司令部からの電話や、または一通の命令書の伝達であったならば、命令を受けた者の心にこれほど強烈には響かなかっただろう。

タフな第一線タイプで、歯に衣を着せぬ性格のバンフリートは、煙たがられることもあり、軍司令官として出過ぎたと批判する人もいる。一九五一年四月末、中国軍の大攻勢でソウルが危機に瀕《ひん》した。戦況に応じて新たな防御ラインを設定する場合、コードネームをつけなおす。軍司令部の幕僚があれこれ新しいコードネームを選んでいると、バンフリートは「そんなことはどうでもいい。ノーネームでたくさんだ」と怒鳴った。幕僚は従順な人種だ。その防御線は「ノーネーム・ライン」とされた。幕僚にとっては、扱いにくい司令官であったろう。

バンフリート弾薬量

バンフリート軍司令官は、中国軍の五月攻勢のころから防御の作戦を変更した。いくつかの陣地線を設定し、敵の圧力に応じて順次に後退するという防御を改め、後退しない陣地で中国軍の攻勢を阻止することにしたのである。この戦法の鍵は、強固な陣地と火力であった。そのため、「防御は鉄と火力の障壁で戦い、人命を犠牲にしてはならない。逆襲するときは、砲弾のあとをつたって突撃できるような砲撃をせよ。全火力と全兵力を挙げて陣地を固守せよ」と命じた。「人海戦術」に対する「火海戦術」といったところになろう。

陣地を固守するにも、また逆襲するにも、大量の弾薬を必要とする。朝鮮半島の戦線で消費される弾薬の膨大な量は、「バンフリート弾薬量」と呼ばれるようになった。これはアメリカの国家予算にも大きく影響し、議会でも問題になったが、政治にまったく関心を示さないバンフリートは気にもしなかった。

あるとき、中国軍の大攻勢の動きを察知したバンフリートは、徹底的な砲撃を命じて中国軍の攻勢意志そのものを打ち砕いた。アメリカのマスコミは、「弾薬の浪費だったのでは」と疑問を呈した。するとバンフリートは、「そもそも、戦争ほど尊い人命を無駄にするものはない。たったこれだけの弾薬を使っただけで、一人の戦死者も出さずにすんだのだ。なんと安上がりなことか」と言って平然としていた。なんともタフな野戦指揮官というほかはない。

なあーに心配はいらん。
敵に遭遇したら
銃口を空に向けて三発撃つと、
敵は降伏する約束になっとる。

昭和一八年（一九四三）八月／第一五軍司令官

牟田口廉也《むたぐちれんや》中将

昭和一九年三月初頭から同年七月までのインパール作戦（ウ号作戦）は、その始まり方においても、また打ち切る経緯についても、釈然としない面が多い。いったい誰が、どのような構想を抱き、それを誰が認可して始まった作戦だったのか。この問題を追及していくと、牟田口廉也《むたぐちれんや》のこの放言に行き着く。しかし、現地の軍司令官がいかに気負いこんでも、その上には方面軍、南方軍、大本営《だいほんえい》と重なっている。なぜあのような無謀な計画が認可されてしまったのか。なんとも疑問の多いこの問題の糸口だけでも考えてみたい。

防衛線を進めるための作戦

牟田口廉也は、久留米で編成された第一八師団長としてシンガポール攻略戦に参加し、引きつづきビルマ戦線に向かい、中部のマンダレーを占領した。このころの牟田口は、南方軍のインド進攻構想（二一号作戦）に反対であったという。それが一転してインド進攻を描くようになったのは、ビルマを占領してから一年のあいだに情勢が大きく変化したためであった。

昭和一七年五月、イギリス軍はビルマ西南部のアキャブに進攻し、翌一八年二月には北部のインドウ地区にウィンゲート旅団が降下した。この空挺挺進部隊三〇〇〇人を掃討するのに第一五軍は一カ月を要した。このような情勢のなかでビルマ防衛を強化するため、昭和一八年三月にビルマ方面軍が新設され、その隷下《れいか》に入った第一五軍の司令官に牟田口廉也が就任した。

ビルマに対する連合軍の反攻は、雲南《うんなん》、フーコン渓谷、インパール、アキャブの四つの方向が予想された。守りばかりではビルマの防衛は困難であり、むしろ進んで敵の根拠地を叩くのが上策と牟田口廉也は考えた。また、ウィンゲート旅団の行動を見て、三〇〇〇人でもあれほどのことができるのであれば、軍単位で進攻すれば大きな成果を上げうると考えたとしても不思議ではない。こうして牟田口の心中にインド進攻構想が広がっていった。

牟田口廉也は、まず上司であるビルマ方面軍司令官の河邊正三《かわべしょうぞう》を説いた。奇遇だが、昭和一二年七月の盧溝橋事件のさい、支那駐屯歩兵旅団長が河邊でその下の歩兵連隊長が牟田口であった。熱涙をふるって作戦の必要を説く牟田口に、河邊は同意せざるをえなかったようだ。そのあとで、補給上の責任がもてないとして作戦に難色を示す輜重兵《しちょうへい》出身で軍参謀長の小畑信良《おばたのぶよし》少将を更迭した。

こうした根回しをしたうえで、昭和一八年六月に方面軍主宰の兵棋《へいぎ》演習に臨んだ。大本営からは竹田宮恒徳《たけだのみやつねのり》少佐、南方総軍からは参謀副長の稲田正純《いなだまさずみ》少将が参加した。席上、第一五軍高級参謀の木下秀明《きのしたひであき》大佐がインド進攻作戦の必要性を力説した。これに対して方面軍高級参謀の片倉衷《かたくらただす》大佐は「無謀」で論外と反対した。会議は白熱したが、その結論は北ビルマ防衛のため敵の準備未完に乗じて、反攻の策源地《さくげんち》であるインパールを攻略し、同地付近に防衛線を推進するというものであった。これを大本営も認可し「ウ号作戦」となったのである。

強烈な個性と空虚な発言

昭和一八年八月、牟田口廉也は、メイミョーの軍司令部に隷下師団長らを集めて作戦方針を下達《かたつ》した。それは大本営が認可した範囲を超えており、三個師団を並進させてインパールとコヒマを占領し、西方の山系を確保して「爾後《じご》の作戦を準備す」としていた。明らかに最終目標はアッサム地方であるとの暗示である。作戦期間は約一カ月、誰もが心配していた補給については、「後方からの補給に期待せず、糧《かて》は敵に求める」という説明しかなかった。

フーコン渓谷正面を担当する第一八師団長の田中新一《たなかしんいち》は、これを危惧して改めて補給問題について質問した。参謀本部の第一部長を務めたこともある田中だから、相手が牟田口でも遠慮はしない。返答した第一五軍後方参謀の薄井《うすい》誠三郎《せいざぶろう》少佐は、「とても責任持てません」と本音を吐露して参席者を唖然とさせた。

すると牟田口軍司令官が立ちあがり、「なあーに心配はいらん、……」と件《くだん》の一節を口にした。これには一同、あいた口がふさがらず、強気で鳴らした田中新一すら言葉を失ったという。

軍司令官の陸軍中将たる者が、心の底からそのように考えていたとは思えない。戦場に向かう部隊を安心させるためだけに発した言葉であれば、あまりにも軽率の誹《そし》りを免れないであろう。必勝を確信しての言葉であれば、空虚というべきか。ともかくこの会議から七カ月後にインパール作戦は強行された。その間に、ビルマの戦況は大きく変化していたのである。

帰ればまた来られる。帰ろう。

昭和一八年（一九四三）七月一五日／第一水雷戦隊司令官

木《き》村《むら》昌福《まさとみ》少将

アッツ島の守備隊が玉砕したのは、昭和一八年五月末であった。これでアリューシャン方面の確保に自信を持てなくなった大本営《だいほんえい》は、アッツ島よりさらに東にあるキスカ島から守備隊を撤収させることにした。

この方面にあるアメリカ艦隊の兵力や全般の戦局からしても、それはきわめて困難な作戦になることが予想された。この海域に八月ごろまで発生する濃い海霧に身を隠すことで、わずかに成功の可能性を見出すしかない。燃料事情も逼迫《ひっぱく》しており、作戦のやりなおしができるような状況ではなかった。

七月七日、数日後に海霧が発生する見込みとの気象予報を受けて、第一水雷戦隊を基幹とする一五隻の艦艇が北千島の幌筵《ぱらむしる》島を出航して、キスカ島に向かった。当初のキスカ突入予定は一一日だったが、頼みの海霧が発生しない。作戦決行の日時を繰り下げていくが、有力な敵艦隊の脅威を受けつつ待機海面にとどまることはできないし、燃料もおぼつかなくなってきた。

無理して作戦を強行するか、帰還して再起を図るのか、ギリギリの線となる一五日、参謀の意見を聞いた木村昌福《きむらまさとみ》司令官は、ポツリとこう命令したのだった。

奇跡の作戦

幌筵島に帰港した第一水雷戦隊に対する風当たりは、ことのほか強かった。「戦争に危険があるのは当たり前」とまで言われた。そんな非難が耳に届いているのかいないのか、木村少将はまったく平気な様子で、旗艦〈阿武隈《あぶくま》〉の舷側から釣り糸を垂れる毎日であった。

七月二二日、海霧の発生を告げる気象予報にもとづき、再びキスカ島に向かうこととなった。今回は、直属上級部隊である第五艦隊の河瀬四郎司令長官も突入待機地点まで同行する。これは体《てい》のよい督戦《とくせん》で、艦隊司令長官が現場に出向けば突入せざるをえないということだ。第一水雷戦隊への信頼感のなさを物語っている。

こんどは予報どおり、キスカ島一帯の海域は濃い海霧に包まれた。しかも一瞬の晴れ間があり、現在位置も確認できるという幸運にも恵まれ、七月二九日にキスカ湾に突入、一時間ほどで守備隊五二〇〇人を一人残らず収容し、無事、幌筵島に帰還した。アメリカ軍は八月一四日に上陸するまで、日本軍の撤収を知らなかった。まさに「奇跡の作戦」「太平洋戦争最大の奇跡」と呼ばれるのにふさわしい。

なぜ奇跡が起きたかといえば、アメリカ側の失策も関係している。七月二六日、キスカ島を包囲していたアメリカ艦艇のレーダーに日本艦隊らしき目標が探知され、三〇分にわたる砲撃が行なわれた。この目標が何であったのか、いまだに不明のようだが、日本艦隊でなかったことだけははっきりとしている。この幻を相手の海戦で弾薬を補給する必要が生じ、アメリカ艦隊はキスカ島の包囲を解いて、一五〇海里離れた補給地点に集合した。その日がちょうど七月二九日だったのである。

泰然自若の提督

木村昌福少将は、後ろから見えるほど立派な口髭をたくわえ、「髭の木村」「髭の昌福」で通じる存在だった。「赤レンガ」と呼ばれた東京・霞ヶ関の海軍省や軍令部の勤務もなく、水雷屋としての艦艇勤務に明け暮れた人であった。これといって目立つところは、髭だけといった平凡な提督だったと伝えられている。

そんな彼が全軍注視のなかで、進むべきか、退くべきかの選択を迫られたのであった。彼自身はさほど焦っても、悩んでもいなかったようだが、第一水雷戦隊の各艦長や幕僚は、いとも簡単に「帰ればまた来られる。帰ろう」というのを聞いた直後は、「本当にこれでよいのか」と疑念を抱き、批判的になったという。しかし、木村司令官の泰然自若《たいぜんじじゃく》とした態度に接して、「やめてよかった」「無理をしては失敗する」と心の底から支持したという。

もちろん第一水雷戦隊将兵の高い練度と団結、気象関係者の努力があったからこそ、奇跡の撤収は成功したのだ。しかし、それらも指揮官しだいとなるだろう。その後、木村少将は南方の第二水雷戦隊の司令官となる。そして昭和一九年一二月二六日、「礼号《れいごう》」作戦と称してミンドロ島サンホセの敵泊地に突入した。一時間にわたって砲雷撃を加えたというから、なんとも腰のすわった戦《いくさ》をする人である。この作戦が海軍最後の突入作戦となった。

諸子のあとからは、第四航空軍の飛行機が全部続く。そして、最後の一機には、この冨永が乗って体当たりをする決心である。

昭和一九年（一九四四）一一月一〇日／第四航空軍司令官

冨永恭次《とみながきょうじ》中将

レイテ決戦での陸軍による特攻が始まった当初、一一月一二日からレイテの米艦隊に突入した万朶《ばんだ》隊が編成されたときの一言。この方面での特攻は続くが、冨永恭次《とみながきょうじ》軍司令官の訓示はおおむねこのような文句で結ばれている。彼はなかなか味のある言葉を口にする人で、「屋上の鳩《はと》よりも掌中の雀《すずめ》を撃て（確実な目標から狙え）」などは多くの人をうならせた。

特攻隊を送り出すときの言葉も、これよりほかにはないと納得させられる。この言葉の前半での公約は守られ、第四航空軍はフィリピンで壊滅した。さて問題は後半の公約だが、これが守られなかった。日本における言葉の軽さは、このあたりから始まってしまったように思う。

演技過剰な政治将校

冨永恭次は、参謀本部の第二課長（作戦課長）と第一部長、陸軍省の人事局長と次官、いわゆる省部（陸軍省と参謀本部）の栄職を独り占めにしたばかりか、陸相の呼び声も高かった。どんなに優秀な人かと思うが、頭の中身についての話は伝わっていない。

それがどうして栄進を重ねたのかと考えると、二・二六事件が関係している。事件後の粛清人事で、参謀本部の総務部庶務課長代理だった冨永恭次は、ウルサ型の将軍の辞表をてぎわよく集めた。これで如才ない能吏《のうり》と評価され、東条英機《とうじょうひでき》の恩顧《こうむ》を被るようにもなったといわれる。

昭和一九年七月、東条内閣は総辞職となり、陸相は杉山元《すぎやまはじめ》となった。冨永は依然として次官であった。ところが陸軍省の車を東条前陸相の私用に供したとかで、次官を更迭され、マニラの第四航空軍司令官へ転出となった。これを杉山元は名人事と自慢したそうだが、歩兵科出身で航空のことはまるで知らず、しかも師団長を経験していない冨永に、決戦正面の航空部隊を指揮させるとは不見識きわまりない。悲喜劇の伏線は、ここに始まる。

マニラに着任した冨永軍司令官は、当初は評判がよかった。部隊勤務の経験が少ないせいか、部隊に溶けこもうと努力したのだろうし、新聞記者の扱いもうまかった。またなかなかの役者で、何かあると相手かまわず握手を求めて愛想を振りまいたり、部下を突然昇進させたりと、ニュース種の提供に余念がなかった。特攻隊の出撃ともなれば、滑走路のわきに立ち尽くし、やおら軍刀を引き抜いて、頭の上で振りまわすのをつねとした。

軍司令官、逃亡す

戦場という厳しい環境では、化けの皮はすぐはがれる。もちろん航空の素人だから、あれこれ不手際があって参謀や部隊長を困らすのはしかたがない。誰が指揮しても、レイテ決戦は敗退したことも事実だろう。それはよいとしても、武人の心にかかわる空手形《からてがた》の濫発《らんぱつ》はいただけない。

昭和二〇年一月から第四航空軍は、第一四方面軍の指揮下に入る予定となった。これを聞いた冨永軍司令官は急に寝込んでしまい、辞職を求めた。方面軍司令官は東条英機の仇敵、山下奉文《やましたともゆき》、その参謀長は熊本幼年学校以来、冨永の同期生である武藤章《むとうあきら》だから、彼にとっては都合が悪い。この辞職をめぐって南方総軍と激しいやりとりがあり、結局は認められなかった。

そしてかなり前から、第四航空軍も山岳地帯に入り、持久するよう求められていた。ところが冨永軍司令官は、「マニラを捨てては、死んだ特攻隊員に申し訳が立たない」と言って拒否していた。ところがアメリカ軍のルソン島上陸が必至と見られるや、冨永中将はあとの処置を何もせずにマニラを逃げだした。第一四方面軍の撤退命令があったともいわれるが、はっきりしない。

一度、臆病風に吹かれて逃げる癖がつくと、二度も三度も繰り返すものらしい。一月一六日、第一四方面軍司令部に一言の連絡もないまま、冨永軍司令官は単身、台湾に飛んだ。これも大本営《だいほんえい》の認可があったなどと弁護する向きはあるものの、部下を置き去りにしたことは間違いなく、また冒頭の公約の後半を破ったことは動かせない。

敵前逃亡で銃殺ものだが、そうは簡単にいかないのが旧帝国陸海軍なのだ。師団長以上は親補職《しんぽしょく》とされ、天皇陛下が直々に任命する形式となっていた。この親補職の軍人を軍法会議にかけるとなると、天皇の権威にまで問題が及ぶ。親補職の地位を剝奪《はくだつ》するにしても、そんなことは予想していないから法整備もされていない。そこで冨永恭次は予備役に編入のうえ、即召集で関東軍の師団長とするのが精いっぱいの処分であった。彼はシベリア抑留ののち、無事帰国した。

富士山を目標として来攻する敵機群の横腹に向かってみずから最後には突入する。

昭和二〇年（一九四五）初頭／航空総監

阿《あ》南《なみ》惟幾《これちか》大将

オーストラリアとフィリピンにはさまれた豪北地域の第二方面軍司令官として苦闘していた阿《あ》南《なみ》惟幾《これちか》が本土に帰還し、航空総監に着任したのは昭和一九年一二月末であった。すでに連合艦隊は壊滅し、陸軍も南方各地に孤立しつつあった。戦う手段は航空特攻しかなくなっていた。そんなとき、航空戦力の元締めとなった阿南は、元来は特攻に反対であったといわれているが、口癖のように「おれも突入する」と語って士気を鼓舞《こぶ》していた。

阿南惟幾といえば、陸相として敗戦のその日、八月一五日に自決し、事態の沈静化に大きく貢献したことで知られ、そのため「徳将」と評される。それを否定するものではないが、勇往邁進《ゆうおうまいしん》という言葉がぴったりの人でもあったことは、この言葉からもよくわかる。

人生を変えた不幸な出来事

大器晩成を地で行ったと言えようが、大佐までの阿南惟幾は目立つ存在ではなかった。あくまで当時の陸軍の基準だが、部内では容姿端麗で有名だったそうだ。それだけが理由ではないにしろ、侍従武官や近衛歩兵第二連隊長にも選ばれた。その後、東京幼年学校長となり、少将に進級したものの、何事もなければこれで彼の軍歴は「上がり」となったであろう。

そこに突発したのが、昭和一一年の二・二六事件であった。事件後、部内の粛清と軍紀の厳正化を図るため、陸軍省に兵務局が新設された。初代の局長には、派閥に加わらない中立な立場にあり、実直な侍従武官として昭和天皇のおぼえもめでたい阿南惟幾が抜擢《ばってき》された。引きつづき人事の刷新が計画され、適任者は阿南のほかにいないとなり、人事局長に横滑りとなった。

どちらも風当たりが強いポストだ。人事をやると恨みを買って足を引っ張られるのは、どこの世界でも同じだ。ところが阿南局長はまったく逆で、「阿南さんを見直した」

という声が部内外に広まった。たしかに彼は公平で、誰もが納得する人事を行なったことは間違いない。と同時にこの評価は、人事局長に就任してから四カ月後に支那《しな》事変が始まったことも関係している。

それまでは平時の軍隊なので、どうしても人事は停滞する。そこに戦争が起きて動員が始まった。現役でもポストが与えられず、くすぶっていた者、事志と違って予備役となって腐っていた人、彼らに戦場で活躍できるチャンスが与えられたのである。べつに人事局長が阿南でなくともそうなるのだが、やはり拾われた人にとって彼は感謝の的になる。

まったく不思議なめぐり合わせだと思う。二・二六事件にしろ、支那事変にしろ、日本にとって不幸な出来事であった。ところが阿南惟幾にとっては、それで運が開けたのだ。そして敗戦という日本史上最大の不祥事で「阿南惟幾」という名前が残ったのである。後始末に追われただけにせよ、奇貨というほかはない。

軍人としての評価

阿南惟幾といえば、「一死以《もっ》て大罪を謝《しや》し奉《たてまつ》る」との遺書を残して帝国陸軍の終焉に殉じた人となる。つねに「徳義は戦力なり」と語っていた人物らしい最期であり、至誠の人として高く評価されてしかるべきだと思う。しかし、軍人阿南となれば戦場での評価がすべてである。

彼の軍人としての晴れ舞台は、第一一軍司令官のときであった。昭和一六年九月、第一一軍は湖南《こなん》省の省都・長沙《ちょうさ》に向けて攻勢に出た。いわゆる第一次長沙作戦であり、歩兵大隊四六個を投入する大規模な作戦で、同月末には長沙を占領した。しかし、そこを確保しつづけるだけの戦力はないので、行ったり来たりのピストン作戦のほかはなく、いつかはもとの戦線に反転しなければならない。阿南軍司令官は、長沙占領五日で反転を命令した。

わずか五日で長沙を放棄したので、中国側は日本敗北と宣伝し、それに多少は影響された支那派遣軍総司令官の畑俊六《はたしゅんろく》までが、不満そうにチクリ、チクリとやりだした。武人阿南はこれに鬱憤《うっぷん》をつのらせ、太平洋戦争開戦に合わせて、第二次長沙作戦を強行することとなった。香港《ホンコン》攻略戦を容易にするため、敵軍をこちらに引きつける「徳義の作戦」というのである。

本当のところは、第一次作戦で面目を失墜したから、その挽回という個人的な動機があったのではないか。準備不足で思いつきの作戦がうまくいくはずがない。第一一軍の主力は包囲され、後退すら危ぶまれる状況に陥り、死傷者六〇〇〇人を出す惨状となった。この第二次長沙作戦をよく知る人の阿南惟幾に対する評価は厳しい。あえて述べれば、「戦《いくさ》好きの、戦下手」といったところだ。

この神風特攻隊が出て、しかも万一負けたとしても、日本は亡国にならない。これができないで負ければ、真の亡国になる。

昭和二〇年（一九四五）一月一八日／第一航空艦隊司令長官

大西瀧治郎《おおにしたきじろう》中将

レイテ決戦で戦力を消耗した第一航空艦隊は、台湾に移動して特攻作戦を続けた。台湾から発進した最初の特攻隊は、昭和二〇年一月二一日に突入した新高《にいたか》隊である。その編成式での大西瀧治郎《おおにしたきじろう》司令長官の訓示の一節がこれであった。公式の席上で日本軍の将官が、「亡国」「負ける」という言葉を使った最初ではなかろうか。

特攻隊については、さまざまに語られ、その創始者と目された大西瀧治郎についての評価もまちまちである。事実関係はさておき、どのような思想や考え方にもとづいた作戦であったのか、それを探る糸口になる一言である。

傍流でありつづけた海軍航空

真珠湾攻撃から沖縄決戦まで、太平洋戦争の海戦は航空作戦で終始し、日本軍はこの立体的な戦いに対応できずに惨敗を喫した。搭乗員の養成、航空機の量産、整備や補給体制、空母や陸上基地の整備など、戦力発揮の基盤そのものが充分でなかったことが敗因だった。なぜそうなってしまったのか、結局は航空に「人」を得ていなかったことに行き着く。

航空作戦で名を成した人たち、山本《やまもと》五十六《いそろく》や草鹿《くさか》龍之介《りゅうのすけ》は砲術屋、小《お》澤《ざわ》治《じ》三郎《さぶろう》は水雷屋、山口《やまぐち》多聞《たもん》は潜水艦の育ちであり、機会があって航空畑に移った組である。いくら本人が希望しても、組織が必要な人材と見込めば割愛には応じない。それが組織の論理である。だから割愛組からなる航空屋は、いくら戦場で航空の重要性を証明してみせても傍流でありつづける。

そんななかで大西瀧治郎は、生え抜きの航空屋であった。彼は海兵四〇期、ハンモック・ナンバー二〇番の、期待される人材だった。それがどうして中尉の頃から航空畑に入ったのか。不思議なところだ。勇ましい性格が敬遠されたのか。また彼は海軍大学校の受験に三回も失敗したために発言力が薄れた。また特異な言動からか、彼の周囲にうさん臭い部外者が集まったことも、マイナスに作用した。

特攻作戦の背景

特攻を考える場合、まず当時の航空戦闘の実相を知っておく必要がある。最も危険と言われたのは雷撃であった。敵戦闘機の哨戒網《しょうかいもう》を突破し、海面すれすれの雷撃コースに入る。何が起きてもコースを維持しなければ魚雷は命中しない。目の前が真っ赤になるような敵の防御砲火をかいくぐって魚雷を発射し、目標の艦艇の上を超低空で航過して退避する。危険きわまりない曲芸で、未帰還率は二五パーセントとされていた。四回出撃すれば死ぬということになりかねない。

昭和一九年一〇月からのレイテ決戦では、戦闘はさらに苛烈となっていた。そんな戦場で第一航空艦隊司令長官大西瀧治郎中将に課せられた任務は、戦艦〈大和《やまと》〉〈武《む》蔵《さし》〉を主力とする第二艦隊のレイテ突入を成功させることであった。一〇月一七日、大西がマニラに到着し、翌一八日に捷《しょう》一号作戦が発動された。この時点でマニラ周辺にあった作戦可能な航空機は、三〇機に満たないほどであった。大西は東京を発つときから特攻を決意していたともいうが、現場の惨状を目の当たりにして、さらにその決意を固めたのであろう。

敵空母撃沈は望めなくとも、せめて一週間、その機能を停止させるにはどうしたらよいか。零戦《ゼロせん》に二五〇キロ爆弾を抱かせて、航空機を昇降させるエレベーター目がけて突っ込ませるしか方法はない。これでどうかと大西中将に問われた第二〇一航空隊も、それを考えていたところだった。これで意見が一致し、現有兵力の零戦二六機を直掩機《ちょくえんき》一三機、特攻機一三機に分け、敷島《しきしま》隊、大和《やまと》隊、朝日《あさひ》隊、山桜《やまざくら》隊とに区分して、一〇月二一日から二五日にかけて出撃させた。

大西瀧治郎は当初、この本居宣長《もとおりのりなが》の古歌から隊名をとった四隊で、特攻作戦を終わりにする考えだったようだ。しかし、戦況がそれを許さなかった。またあまりにインパクトが強かったので、後詰めの第二航空艦隊も正攻法から特攻に転じ、陸軍も特攻作戦を展開するようになった。そこで大西は、「おれは若い者を信用するしかない。特攻はおれの信念である」との心境に変わり、さらに冒頭のような敗戦を見越した悟りの境地にいたる。

終戦時、大西瀧治郎は軍令部次長であり、もちろん徹底抗戦を唱え、本土決戦を叫ぶ陸軍とも連帯した数少ない提督の一人であった。八月一六日、大西は割腹自決を遂げた。辞世の一句は、「すがすがし　暴風のあとに　月清し」。

自分は捕虜になるつもりはない。乗員を脱出させてから、一番大きな損害を与えられそうな目標めがけて全速力で突っ込む。

一九四二年四月一七日／東京初空襲隊長

ジェームズ・ドゥーリトル中佐

発進するドゥーリトル機

東京初空襲に向かう空母〈ホーネット〉の艦上で、最後の打ち合わせが行なわれた。パイロットの一人が、日本に不時着した場合、どうすればよいかと隊長のドゥーリトル中佐に質問した。彼は、各自が決めなければならないと答えた。「中佐殿はどうするのか」と重ねて問われて口にしたのがこれで、その理由は「自分は四六歳にもなるし、もう充分生きてきた」。体当たりの特攻という考え方は、日本だけのものではなく、アメリカ軍にもあったということになる。

アメリカ版特攻精神

昭和一七年（一九四二）四月一八日の東京初空襲は、陸上機のB25爆撃機を空母から発進させ、爆撃後は中国大陸に向かわせるという奇想天外な作戦であった。日本の人的損害は死者四五人だったが、損害はともかく、帝都が襲われたという精神的な衝撃は大きかった。

この作戦の総指揮官はウィリアム・ハルゼー、護衛の巡洋艦戦隊長はレイモンド・スプルーアンス、爆撃機を発進させた空母〈ホーネット〉の艦長はマーク・ミッチャーと、いずれもその後の日本軍の頭痛の種となった提督だ。作戦成功で、度胸をつけさせてしまったということか。

攻撃隊長のドゥーリトルは予備役の少佐であったが、長年の友人である陸軍航空隊総司令官のヘンリー・アーノルドの求めで現役に復帰し、自動車産業を航空機部品産業に転換させる大仕事をやってのけた。ドゥーリトルは有名な航空賞を総なめにした名パイロットであり、しかもマサチューセッツ工科大学で航空工学の博士号をものにした学究でもある。このようなかけがえのない人材を、生還もおぼつかない攻撃に投入するとは驚かされる。

そもそも爆弾をかかえた双発の陸上機で空母から飛び立つというだけで、これはもう特攻と言うほかはない。しかも捕虜にはならない、帰還できなくなれば自爆すると決めている。これらは日本の専売特許のように語られてきたが、そうではなかったのだ。日本の場合と違う点は、部下に命令したり、強要しないことだろう。自分の命を捨てるかどうかは自分で決めろ、しかし自分はこうやるというのがアメリカ流の統率のようだ。

このような決意を固め、決然と敵地に乗りこむ人を勇士という。相身互《あいみたが》いであるから、この勇士を遇する道を知る者だけが武士といえる。ところが日本は、無差別爆撃だとして捕虜になった八人に死刑を宣告し、うち三人に銃殺刑を執行した。武士道廃《すた》れたり、恥ずかしい話だった。

ドゥーリトルはその後、アフリカ戦線の第一二航空軍の司令官となり、ついで第八航空軍に回って対ドイツ戦略爆撃を指揮した。ヨーロッパ戦線の終結にともない、第八航空軍を率い、自ら爆撃機を操縦して沖縄に再展開中に終戦となった。

本日天気晴朗ナレ共《ども》波高シ。

明治三八年（一九〇五）五月二七日／連合艦隊参謀

秋山真之《あきやまさねゆき》中佐

連合艦隊司令部

日露戦争中、バルチック艦隊発見の第一報が連合艦隊旗艦〈三笠《みかさ》〉に入ったのは、明治三八年五月二七日午前五時五分。朝鮮半島の南端、鎮海《チンヘ》に集結していた連合艦隊は一斉に錨を上げて、加徳《かとく》水道を経て対馬《つしま》海峡に出た。旗艦〈三笠〉の合戦準備下令は午前六時二〇分、その一分後、大本営《だいほんえい》宛に「敵艦隊見ユトノ警報ニ接シ連合艦隊ハ直《ただち》ニ出動之《これ》ヲ撃滅セントス」と打電し、不動の決意を表明した。発信前に電文を確認した秋山真之《あきやまさねゆき》中佐が、末尾に付け加えたのがこの一節。これが一体となって日露戦争を象徴する一句となった。

賛否両論の名文句

日露開戦直後に行なわれた旅順口閉塞《りょじゅんこうへいそく》作戦では、閉塞船突入の状況について秋山参謀は「舷々相磨《げんげんあいま》ス」と表現し、「秋山の報告には冗句《じょうく》が多い」と顔をしかめる人もいたそうである。標題の言葉にしても、最後の決戦だというのに、また文学的表現の冗句というわけだ。

これを好意的に受け止めた人もいる。晴天ならば砲撃の照準も定まるし、敵を取り逃がすこともない。波が高ければ敵艦の舷側に開いた破孔《はこう》から海水が入り、沈没を早めるだろう。秋山参謀は、この一節で必勝の信念を伝えているという見解だ。

さらに深く読んだ人もいたようだ。五月から六月にかけて対馬海峡一帯の特徴は、晴天になると、海軍では濛気《もうき》と言うそうだが、靄《もや》がたちこめる。慣れていないと、これに惑わされて照準が狂う。こちらは、それを織り込み済みで照準するが、敵はわからないはず。だから勝てると、秋山参謀は前もって報告したのだとする。

あえて異論を

どれも正しいのだろう。あれこれ詮索することはともかく、この下の句がついて全体にリズミカルになったことは、誰でも認めるところだ。よい文句を残してくれたと思う。

それでもあえて新しい解釈を加えれば、これは「パッド」ではなかったかということだ。パッドとは、敵の暗号解読を難しくするために挿入する冗句のこと。暗号に組んでいない生のモールス信号を傍受したり、あるいは暗号を解読しても、手に入るのは音の羅列だけだ。たとえばこの場合、「……ゲキメツセントス　ホンジツテンキセイロウ……」となるわけで、よほど日本語に通じた人でなければ読解は不可能に近い。

無味乾燥な報告文のなかに、脈絡なく文学的表現の一節が入るとお手上げになる。パッドの狙いはそこにある。

昭和一六年一二月二日午後二時、参謀総長が南方軍総司令官に発信した進攻作戦開始の命令は、海軍の「新高山《にいたかやま》ノボレ」とともに歴史に残る電文だ。「『鷲《わし》』発令あらせらる」「『ヒノデ』は『ヤマガタ』とす」が本文。「鷲」は進攻作戦開始の大陸命第五六九号、「ヒノデ」は作戦開始日、「ヤマガタ」は八日を示す隠語だ。次に「御稜威《みいつ》の下《もと》切《せつ》に御成功を祈る」と、がらっと文体が変わる。発信者の心情を伝えるとも理解できるが、パッドとしての役割も大きいだろう。

秋山真之の加筆さながら、本文とパッドがあまりに見事にはまったがゆえに、とんでもない騒動が引き起こされたこともある。昭和一九年一〇月二五日、レイテ海戦中の出来事だった。

ウィリアム・ハルゼーが指揮する第三艦隊は、囮《おとり》になった小澤《おざわ》艦隊に食いつき、北に引っ張られた。第三艦隊の新鋭戦艦部隊である第三四任務部隊も北上してしまい、レイテに向かう栗田《くりた》艦隊が通過するサンベルナルディノ海峡が、がらあきとなってしまった。栗田艦隊は突っ込んでくる、レイテにある第七艦隊は緊急電を発して増援を求めている。慌てた太平洋艦隊司令長官のチェスター・ニミッツは、真珠湾からハルゼーに急報を発した。

「第三四任務部隊はいずこに在りや、リピート、いずこに在りや、全世界は知らんと欲す」

この「全世界は知らんと欲す（ザ・ワールド・ワンダーズ）」はパッドである。しかし、あまりに状況に適合し、本文と見間違っても当然だ。暗号解読係もそう理解し、パッドごと本文としてハルゼーに届けた。「どこをうろうろしているのか。世界じゅうがどこにいるのかと不可解に思っているぞ」と言われれば、提督なら誰でも怒っただろう。まして激情型のハルゼーだから大変なことになった。帽子を甲板に叩きつけ、この通信にかかわった者は上官侮辱罪で軍法会議だとわめきちらした。実際は栗田艦隊がレイテに突っ込まずに反転して事無きを得たこともあり、通信の責任者は左遷ですんだ。

第3部

士気と誇り

断じて戦うところ死中おのずから活あるを信ず。

昭和二〇年（一九四五）三月一七日／小笠原兵団長

栗林《くりばやし》忠道《ただみち》中将

アメリカ軍は当初、五日間で硫黄島《いおうじま》を攻略する予定であった。しかし、圧倒的な戦力の格差があったにもかかわらず、日本軍守備隊は昭和二〇年二月一九日から三六日間も組織的な戦闘を継続し、アメリカ軍の死傷者数は日本軍のそれを上回った。

死闘もいよいよ最終局面を迎えるにいたり、栗林忠道《くりばやしただみち》中将はこの訓示をして、「私のあとに続いてください」と結んだ。そして栗林中将をはじめ高級将校は自決することなく、軍刀をひっさげて最後の突撃をした。これについて米海兵隊戦史は、「日本軍の出撃は、万歳突撃ではなく、最大の混乱と破壊とを起こさせることを狙った優秀な計画であった」と記している。なお、この最後の突撃は、三月二六日だったとするのが定説となっている。

徹底した栗林戦法

栗林忠道中将（三月一七日付で大将）は、『愛馬進軍歌』の歌詞の選者で、これを添削した人として知られ、騎兵科出身であった。戦前にアメリカ、カナダと二度の駐在武官の経験があり、アメリカの国力、アメリカ軍の力量については充分承知しており、硫黄島の戦闘がどう推移するかは容易に判断できていたはずである。しかし、終始、必勝の信念を燃やし、情に流されず、理性と論理によった統率に徹した。栗林将軍の副官を長く務めた人は、「閣下は合理主義者」と語っていた。

香港《ホンコン》攻略の第二三軍参謀長で大東亜戦争を迎えた栗林忠道が、留守近衛第二師団長から第一〇九師団長を兼ねて小笠原兵団長に異動したのは、昭和一九年五月のことであった。当時、第一〇九師団の司令部は父島《ちちじま》にあったが、アメリカ軍は必ずや飛行場のある硫黄島に来攻するとの判断から司令部を移動させたうえで、硫黄島に着任した。以来、彼は戦死するまで一歩も島を出ることはなかった。騎兵科出身の人らしく、「つねに指揮官は先頭」の精神を忘れなかったのであろう。

硫黄島の守備隊は、第一〇九師団の混成第二旅団を主力とし、これに足止めになったサイパン逆上陸部隊などを加えたものであった。言ってみれば寄せ集めで、応召《おうしょう》の老兵が主体であった。しかも硫黄島は最悪の戦場だった。大海に浮かぶ孤島で、まさに孤立無援の戦いになる。水源はなく天水に頼るほかはない。昭和一九年夏の時点でも補給は途絶えがち。

条件に恵まれた島嶼《とうしょ》の戦いでも、守備隊の玉砕が続いている。そこで、洞窟戦《どうくつせん》によって敵に多大な人的損害を与え、徹底して持久する「栗林戦法」が編み出された。地下から地表の敵に挑む構想だ。しかし、硫黄島は全島これ火山で地熱が高く、地下壕を掘るのにこれほど適していない土地もない。だが、小笠原兵団の将兵は、人力だけで一八キロにもわたる地下坑道を掘りぬいた。

兵団といっても満足な司令部機構を持たないため、栗林中将はみずから島じゅうをめぐり、懇切丁寧に陣地構築を指導し、徹底持久の戦法の普及に努めた。そして文才豊かな人らしく、美文調の『敢闘《かんとう》の誓《ちかい》』六項を定めて将兵の覚悟を求めた。その一項には、「我らは各自敵十人を殪《たお》さざれば死すとも死せず」とあった。

玉砕は許さない

硫黄島における小笠原兵団の総兵力は海軍部隊を合わせて約二万一〇〇〇人、来攻したアメリカ海兵隊は六万一〇〇〇人。アメリカ軍には戦車、火砲のみならず、付近を常時遊弋《ゆうよく》する戦艦六～八隻、巡洋艦四～九隻による艦砲射撃と、延べ四〇〇〇機以上の航空機が発揮する支援火力がある。このかけはなれた戦力格差に対して栗林戦法の徹底で対抗したのである。

戦力を消耗し尽くした部隊にとって、最後の花道となる突撃も、堅く戒められた。栗林兵団長は、死ぬよりも苦しい持久の継続を強く求めた。また戦局の大勢が決した時期にも、「死ぬときは、苦労して構築した陣地で死にたい」とする大隊に配備の変更をも厳として命じている。いかなる苦境にあろうとも、勝利、あるいはより大きな成果へのあくなき執念を堅持し、それを部下に求めたのである。

標題の訓示を終えた栗林兵団長は、島の北端にあった司令部の地下壕を出た。ここにいたっても冷静な彼は、周囲の状況を確認して前進を中止した。そして三月二四日から二五日の夜にかけて、敵の砲火が弱まったことを確認すると、中将みずから敵陣地への攻撃前進を命じ、その途上において戦死した。部下に求めた「一人十殺」を実践したのである。

その二人と家族にとっては大変なことである。その「わずか」という言葉は慎め。

昭和一九年（一九四四）七月／戦車第二六連隊長

西竹一《にしたけいち》中佐

ロス大会での西選手

関東軍の戦車第一師団捜索隊を改編して編成された戦車第二六連隊は、昭和一九年六月に転進命令を受け、本土を経由して硫黄島《いおうじま》に向かった。その途中、輸送船が敵潜水艦の雷撃を受けて沈没してしまった。連隊長の西竹一《にしたけいち》中佐も数時間漂流し、ようやく救援の船に拾いあげられた。

連隊は戦車と火砲など装備を失ったが、人員の損耗は行方不明二名というものであった。連隊の人的被害は「わずか二名」と報告する部下に、西連隊長はこのように語ってたしなめた。まさかあの男爵が、このような細かい心と部下を思いやる愛情にあふれていたとはと、驚くのではなかろうか。

金メダリストのバロン西

日本は硫黄島で世界的なアスリートを二人失った。ともに一九三二年のロサンゼルス・オリンピックのメダリストで、水泳一〇〇メートル自由形で銀メダルをとった河《かわ》石達吾《いしたつご》中尉、そして馬術大障害で金メダルをものにした西竹一中佐である。

外交官の家に生まれた西竹一は幼くして父を失い、物心つくころにはすでに男爵《バロン》となっていた。広島の幼年学校に進み、陸士三六期の騎兵科である。上流階層によくある複雑な家庭の事情に悩んでいたのか、若いころの彼には無頼な逸話が多い。

中尉時代に中将の騎兵監と取っ組み合いの喧嘩をした。騎兵学校に近い船橋の飲み屋で漁師相手に大立ち回りを演じた。警察官と殴り合いをしたと話は尽きない。喧嘩のあとはケロリとして、もめた相手と飲みなおすという奔放ぶりである。金銭感覚も普通の人とは違っていた。三円のタクシー代に一〇〇円払う、ラスベガスでギャンブルをして一四万円散財する。オリンピックの選手、役員の派遣にかかる費用が四〇万円ほどであった時代の話である。

また馬にかぎらず乗り物狂で、士官学校在学中はオートバイに熱中していた。関東大震災では、オートバイに乗って市内の偵察に活躍したとの話も残っている。ロス五輪後は、スペアタイヤのケースを金色に塗ったパッカードを乗りまわしていた。大正の終わりから昭和のはじめにかけてのことだから、男爵の家といえども、たいした生活ぶりだ。

若いころの西竹一は、頭を丸刈りにはしないで長髪で通した。陸軍では、これもなかなか勇気のいることであったろう。ともあれ西竹一という軍人は、大多数の人が抱いている帝国陸軍の軍人像とは対極にあったと言える。

この人の、この言葉

さて装備を失い、人員だけとなって硫黄島にたどり着いた戦車第二六連隊は、すぐさま部隊の再編成に着手した。西連隊長は八月に東京に飛び、装備の調達に駆けまわった。アメリカ軍の硫黄島来攻は必至と見られていたので、「金メダリストの西を殺すな」という声も部内にあったそうだ。実際、本人にも硫黄島から呼び戻す話がそれとなく伝えられたともいう。しかし、彼はそんな話に耳も貸さず、装備の調達の手はずが整うと、すぐさま硫黄島に飛び戻った。

東京にいること一〇日、硫黄島へ出発する前日、西中佐は夫人に、「おれの頭のなかには今、部隊長という責任と部下のことしかないんだ」と語りかけ、子供たちはおまえにまかせると覚悟の言葉を遺《のこ》した。その夜、彼は高熱を出して、医師から出発を延ばすように勧められたが、翌日予定どおり機上の人となった。

戦車連隊の兵器・資材を搭載した輸送船は、敵潜水艦の攻撃をかいくぐって無事、硫黄島に到着した。戦車第二六連隊は、小笠原兵団の打撃戦力の骨幹として配備に就いたのである。

昭和二〇年二月一九日からの戦闘においては、戦車部隊本来の機動的な運用はほとんどされず、車体を埋めて砲台として使われることが多かった。また一部の戦車を分派して歩兵大隊と協同するなど、騎兵科であった西中佐としては無念が残る戦いであったかもしれない。西竹一中佐の最期は、はっきりとはわからず、いくつかの説がある。三月二一日から二二日ごろ、島の北東部の海岸近くで戦死したようだ。

これまで紹介した西中佐の二つの言葉には、部下に対する愛情、信義、責任感があふれている。そのような言葉が、奔放な生き方をしてきて、庶民の生活など知らないはずの西男爵の口から発せられたことによって、その言葉の重みをいっそう深く感じさせる。

女に殺されるなら、いいではないか。

昭和七年（一九三二）二月一九日／歩兵第七連隊長
林《はやし》大八《だいはち》大佐

満洲事変が華中《かちゆう》に飛び火した第一次上海《シヤンハイ》事変。武力衝突は昭和七年一月二九日に起きた。在留邦人と権益の保護のため、上海にある海軍陸戦隊だけでは足らず、陸軍部隊が派兵された。久留米の混成第二四旅団と金沢の第九師団だ。

当初は、大兵力の中国軍相手に苦戦したものの、予定していた線に進出した三月三日、日本側は自主的に戦闘行動を停止し、五月五日に停戦協定が結ばれた。戦闘が苛烈になりがちな市街戦なのに不祥事もなく、また大陸の泥沼にはまりこまなかったことは高く評価されるべきだ。

恐ろしい大陸の民衆

クリークが入り組み、家屋が密集し便衣隊《べんいたい》(ゲリラ)が横行する戦場であった。林《はやし》大八《だいはち》大佐の指揮する金沢の歩兵第七連隊が所属する第九師団が総攻撃を開始したのは二月二〇日であった。前夜、林連隊長は将校全員を集めて訓示した。それは、敵前での教育とでもいうべき内容であった。

功を急ぐな、責任感の強い者が戦場で一番強いのだといった話に始まり、人命と弾薬を節約することを強調した。そして最後に、「便衣隊の掃討にあたっては努めて証拠物件を収集すること。老若婦女子は便衣隊の疑いがあっても、現に抵抗する者以外はこれを寛恕《かんじょ》すること」を命じた。また一説によると、「老若婦女子は、いかなることがあっても殺してはならぬ。男子であっても敵対せぬ者は殺してはならぬ」とも説諭したという。

このとき、「もし女が撃ってきたら、どうしますか」との質問が出た。一瞬の間があり、笑顔を浮かべた林連隊長は、「女に殺されるなら、いいではないか」。爆笑が起こり、総攻撃前夜の緊張が解けたという。

シベリアから満洲、蒙古《もうこ》と大陸での勤務が長い林大八大佐は、大陸の民の怖さを知り尽くしていた。「老若婦女子は殺すな」と強く求めたのも不思議ではない。とくに婦女子は大陸に生きる者にとって最大の財産であり、なんとしてでも守る面目である。それに手を出したとなると、とんでもない復讐に出る。これを未然に防ぐ努力をする林大佐のような人があとに続けば、今日にいたるも難癖をつけられるようなこともなかったのにと溜め息が出る。

二月二〇日の総攻撃以来、第九師団は苦戦を重ねた。市街戦とクリークの渡河戦が連続するのだから、思うように進むはずがない。また師団、旅団、連隊の方針がなかなか一致しなかったことも苦戦の原因となった。

そして三月一日、砲兵による十分な支援がないまま敵の拠点である江湾鎮《こうわんちん》を攻撃中、文字どおり第一線に立った林大八連隊長は、機関銃弾を浴びて戦死した。なお、二・二六事件の刑死者で最年少の林八郎《はやしはちろう》少尉は彼の次男である。

自分は兵がかわいそうだからやったのです。大隊長がそんなことを言うと癪に障ります。

昭和一一年（一九三六）二月二九日／歩兵第三連隊第六中隊長

安藤輝三《あんどうてるぞう》大尉

原隊に復帰する歩兵第３連隊

二・二六事件を収拾するため、決起部隊の原隊復帰を命じる奉勅《ほうちょく》命令「臨変参命第三号」が戒厳司令官に交付されたのは、二月二八日午前五時であった。その後も流血の事態を避けるため、必死の説得工作が重ねられた。「今からでも遅くない」の名文句が放送されたり、ビラがまかれ、アドバルーンまで上げられたのは二月二九日のことである。

この二九日の昼ごろ、安藤輝三《あんどうてるぞう》大尉は外堀通りに面する山王《さんのう》ホテルにいた。直属の上司である大隊長が来て、「おい安藤、兵がかわいそうだから兵だけは帰してやれ」

と言うと、安藤はこのように答えた。そしてその直後、安藤は拳銃を抜いて自決を図ったが未遂に終わった。そして昭和一一年七月五日、軍法会議で死刑の判決、同月十二日に銃殺刑に処せられた。

安藤大尉決起の謎

二・二六事件に参加した革新将校には、軍人の家庭に育った者が多く、思想的な背景にもうなずけるものがある。しかし、安藤輝三大尉は教員の父親を持ち、過激になる要素は少ない。風変わりな人が多いとされる仙台幼年学校の出身ながら、これといった武勇伝の持ち主でもなく、眼鏡をかけた柔和な人ぐらいの印象にとどまっていたようだ。

そんな人が、銃殺覚悟で立ちあがったことには、彼を知る人ほど驚いたという。安藤は少尉任官以来、革新連隊といわれた東京・麻布《あざぶ》の歩兵第三連隊の勤務であったから、部内外の過激な思想の持ち主と接触することになったのは事実だ。また、歩兵第三連隊で共に勤務したこともある秩父宮雍仁《ちちぶのみややすひと》との関係が語られたこともある。

しかし、彼はいつも暴発を抑える立場だった。二月初旬、歩兵第三連隊と隣り合わせのフランス料理屋〈竜土軒《りゅうどけん》〉での会合で、彼は「青年将校はいつでも刀を抜く姿勢を崩してはいけない。しかし刀を抜いてはいけない。絶対に抜かないかといえば、抜くときがくれば抜く」と語り、ひと呼吸おいて「今は抜くべきときではない」と決起に反対しているのだ。

クーデターの技術的問題として、部隊指揮官が動かなければ烏合《うごう》の衆で成功はおぼつかない。その点で安藤大尉と歩兵第三連隊第五中隊長の野中四郎《のなかしろう》大尉の参加が、決起の踏ん切りとなった。この野中大尉の事件参加も、誰もが驚くほど意外なことだった。なぜこの二人が決起したのか、二・二六事件の謎の一つである。

決起将校のなかには安藤、野中よりも激情家がいた。ところが彼らは鎮圧部隊に包囲され、奉勅命令が下ると戦意を喪失する。しかし、この二人は最後まで熱血をほとばしらせ、士気旺盛であった。野中大尉は事件参加者の先任者の責任をとり、陸相官邸で拳銃で自決した。安藤大尉は、鎮圧部隊と一戦を交える姿勢を崩さず、万策尽きたとき自決を図った。

戦争は負けた。しかし、われわれのスマトラは負けぬ。

昭和一九年（一九四四）七月／近衛第二師団長

武藤章《むとうあきら》中将

サイパン失陥の報をスマトラで聞いた武藤章《むとうあきら》は、副官にこう語った。合理的な考え方をする彼としては、この時点ですでに日本の敗北を認めざるをえなかった。その一方で持ち前の負けん気から、スマトラ防衛の一戦で最後の花を咲かせたかった心情がよく表われている。

そして舞台は移り、市ヶ谷の極東軍事法廷。開戦時の陸軍省軍務局長であったことが災いし、A級戦犯として起訴された。意気消沈した被告が居並ぶなか、武藤章は帝国陸軍の将官としての誇りを全身にみなぎらせ、検察陣に立ち向かった。心証が悪くなるのも当然で、「冷淡狡猾《こうかつ》な策士」とまで論告されて絞首刑に処せられた。

異色な軍歴

武藤章は近衛師団長になるまで、いっさいの部隊長を経験していない。技術や情報の分野では、このようなケースが散見されるものの、省部（陸軍省と参謀本部）で勤務した人では希有だ。それゆえ日本を亡国の淵に追いこんだ政治将校の代表と目され、いまもって指弾の対象になっているようだ。とくに陸軍省の中枢である軍務局長をやっているから、どうしても槍玉に上げられる。たしかに武藤は強引な人で知られ、「武藤ではなく無道だ」ともいわれた。石原莞爾《いしはらかんじ》は、「武藤ほど有能な者はいない。ただし自由主義者だ」と評していた。

さて、軍務局長というポストに就いたから政治に関与した、と批判してよいものだろうか。陸相は閣僚の一員だから、当然のことながら政治にかかわる。軍務局長は陸相の参謀長の役回りだから、政治的な事務処理を行なうことになるし、意見を具申《ぐしん》することがあって当然だ。

昭和一四年九月、武藤章は軍務局長に就任し、畑俊六《はたしゅんろく》と東条英機《とうじょうひでき》の両陸相に仕えた。このころ、兵務局長であった田中隆吉《たなかりゅうきち》が極東軍事裁判で検察側の証人となり、さまざまな暴露発言をした。そのなかで武藤については、「東条は蓄音器、それを回して音を出させたのは武藤だ」と証言したこともあり、武藤元凶論が定着してしまった。東条英機を操って日米開戦にまで日本を引きずっていったのは、武藤章だという話に結びつく。

これもまた事実とは違うようだ。昭和一六年四月、日米交渉が始まり、武藤はこの妥結を強く望んでいたとされる。交渉が難航しだし、早く開戦を決断せよと迫ったのは、参謀本部第一部長の田中新一《たなかしんいち》と同第二課長の服部卓四郎《はっとりたくしろう》であった。武藤と田中は陸士の同期だが、日米交渉をめぐって対立し、あわや殴り合いかという場面すらあったという。

誤解が重なり武藤章は、中将でありながらA級戦犯となった。法廷でも情緒に流れることなく、論理的に検察側に反駁《はんばく》しつづけ、さすがは武藤と内外をうならせた。ジョセフ・キーナン検事すら、「武藤はクレバーだ。軍人にならなければ一流会社の大社長だ」ともらしたという。

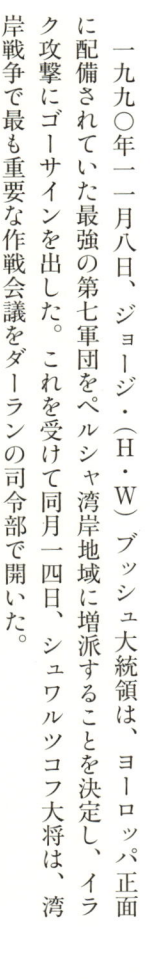

いいか、殲滅《せんめつ》だぞ。攻撃するだの、損害を与えるだの、包囲するだのじゃない。殲滅せよ。

一九九〇年一一月一四日／米中央軍司令官

ノーマン・シュワルツコフ大将

一九九〇年一一月八日、ジョージ・（H・W）ブッシュ大統領は、ヨーロッパ正面に配備されていた最強の第七軍団をペルシャ湾岸地域に増派することを決定し、イラク攻撃にゴーサインを出した。これを受けて同月一四日、シュワルツコフ大将は、湾岸戦争で最も重要な作戦会議をダーランの司令部で開いた。

その席でシュワルツコフ司令官は、作戦の構想と目標を示した。そして最後に機甲部隊の指揮官に対して訓示した言葉がこれである。この威勢のよい訓示を聞いた指揮官たちは、電撃に打たれたかのように感じるとともに喜び勇んだ。「てっきり前のつまらんプランどおり、クウェートに、もたもたとゴリ押しで入るかと思っておりましたが、こりゃ痛快だ」

ストーミング・ノーマン

身長一九二センチ、体重一〇〇キロ、知能指数一七〇、体力自慢の軽歩兵育ち、特殊部隊員としてベトナム従軍歴あり、これがシュワルツコフだ。愛嬌のある目をしているが、真剣になると人を威圧する眼光に変わる。怒りっぽく、通称は「ストーミング・ノーマン（荒れ狂うノーマン）」。竹を割ったような気性、そして涙もろい。魅力的な軍人だ。

陸軍参謀本部の作戦・計画部長であったシュワルツコフは、次の職務として中央軍司令官、陸軍総軍司令官、在韓米軍司令官の三つのポストが示された。彼は中央軍司令官を希望した。その理由は、「歴史を作れるのは中央軍」だからだ。希望どおり、一九八八年一一月に大将に昇進してそのポストに就いた。彼には予言者としての資質も備わっていたようだ。その二年後の一九九〇年八月二日、イラク軍がクウェートに侵攻したのである。ここは中央軍の守備範囲だ。

アメリカはサウジアラビアを防衛するために、同国の同意を得て軍の派遣を八月六日に決定した。「砂漠の楯作戦」の発動である。一一月初頭までに米軍と多国籍軍合わせて兵力三七万人、航空機一九〇〇機、空母機動群二個が湾岸に展開した。一方、イラク軍もクウェート戦域の戦力を増強するとともに、サウジとの国境地域に陣地を構築しはじめた。サウジ防衛の「砂漠の楯作戦」は一応その目的を達成した。しかし、イラクはクウェートから撤退しようとはしない。ではどうするかである。

「砂漠の嵐」の電光たれ

イラク領土に対する攻勢作戦の検討は、すでに八月中旬から行なわれていた。何度検討してみても、現有戦力ではイラク軍を正面から攻撃するしかなく、圧勝できる見込みが立たない。そこで戦力を倍増する必要があることを統合参謀本部に伝えた。その結果、在欧の第七軍団をはじめとする米軍一五万人の増派が決定し、「砂漠の嵐作戦」となったのである。

前述したダーランでの作戦会議でシュワルツコフ司令官は、作戦目標の第一にイラク軍の指揮系統の麻痺、第二に絶対的な航空優勢の獲得と維持、第三にイラク軍補給線の遮断、第四にイラク軍の攻撃的戦力の殲滅と明示した。このとき、各指揮官は総司令官の意図が、「砂漠の楯作戦」でのサウジ防衛から、「砂漠の嵐作戦」のイラク軍殲滅に移行したことをはっきりと理解したのであった。

そして作戦は次の四段階と規定した。第一段階は戦略爆撃、第二段階は航空優勢の確立、第三段階はイラク軍戦力の減殺、そして最終段階が地上作戦である。とくに地上作戦は、以前に検討されていたようなクウェートへの正面攻撃ではなく、クウェート西方から突破しての大包囲作戦となった。六〇〇キロの作戦正面で一斉に攻勢に出る、やるほうにとってはこれほど痛快なことはない。

「砂漠の嵐作戦」は、一九九一年一月一七日に航空攻撃で始まった。シュワルツコフは作戦開始の訓示をこう結んだ。「自分は諸君に満腔の信頼を置いている。われらが大義名分には一点の揺るぎもない。いざ『砂漠の嵐』の電光たれ、雷たれ。神が諸君、そして諸君が愛する故郷の人々、そしてわれらが祖国と共にあらんことを」

三九日間にわたる航空作戦に続き、二月二四日には地上戦に突入した。そして二八日、きっかり一〇〇時間の地上戦で戦争目的を達成し、停戦となった。作戦開始前、米軍の死傷者は二万人に達するという見積もりもあったが、実際には戦死・行方不明二三〇人、負傷者二三八人ときわめて軽微なものにとどまった。

ともに戦場へ行き、侵略者に
壊滅的打撃を与えてやろうではないか。
そして敵を打ち負かし、
勝たなければならない。
それがわれわれの任務なのだ。

一九七三年一〇月七日／イスラエル第一四三師団長　**アリエル・シャロン少将**

第四次中東戦争（ヨム・キプール戦争）は、一九七三年一〇月六日にアラブ側の奇襲で始まった。スエズ運河正面のエジプト軍は、七日朝までに戦車二五〇両を渡河させ、八日夕刻までに二個軍がスエズ運河の東岸に展開した。この奇襲攻撃は完全にイスラエル軍の意表を衝《つ》いた。

師団長として急ぎ召集されたアリエル・シャロン少将は、スエズ運河まで三〇キロのタサの十字路で、後続してくる部隊を掌握した。シャロンの姿を見て歓声を上げ、

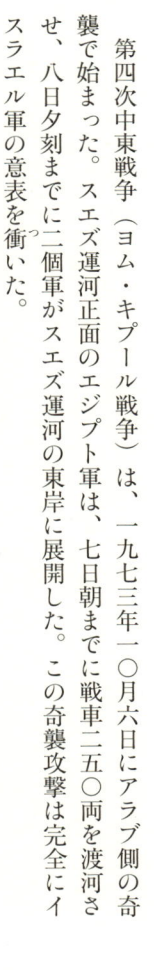

拍手を送る将兵に、知りうるかぎりの戦況を伝え、「ともに戦場へ行き……」との気合の入った訓示をした。

スエズ運河を渡れ

アリエル・シャロン、通称アリクは伝説的な存在であった。第一次中東戦争（独立戦争、一九四八〜四九年）では太股《ふともも》に銃弾を受けて負傷し、第二次中東戦争（スエズ戦争、一九五六年）では空挺旅団長で、命令を無視してシナイ半島のミトラ峠に突入して大損害を被り物議をかもした。第三次中東戦争（六日戦争、一九六七年）ではシナイ半島の南部で機甲師団を指揮して、エジプト軍に決定的な打撃を加えた。

さて第四次中東戦争でのシャロンである。一〇月八日の深夜、南部軍の作戦会議から師団司令部に帰ってきたシャロンは、まだ奇襲のショックから覚めていない幕僚たちに、「諸君、イスラエル国防軍は勝利の軍隊であることを思い起こしてほしい。わが軍は敗北には慣れていない」と語りかけた。この一言も将兵の心に強く残ったことであろう。

戦歴からも、ここで紹介した言動からだけでも、シャロンの積極さがよくわかる。彼の持論は、エジプト軍のスエズ運河渡河を防ぐには、こちらから西岸に渡らなければならない、であった。今やエジプト軍は東岸にいる。であれば、イスラエル軍も躊《ちゆう》躇《ちょ》なく西岸に進出すべきである。シャロンは何度もスエズ運河の渡河攻撃を具申《ぐしん》したが、参謀本部も南部軍司令部もこれを認めなかった。それどころか、東岸に進出してきたエジプト軍を攻撃する許可すら出さないし、あげくは戦車を温存するために後退すら命じてきた。

イスラエル軍の中枢部は、シナイ半島正面でエジプト軍の新たな攻勢があるものと予想していたのだ。またシリア軍と激突しているゴラン高原の戦線が安定するまで、シナイ半島正面では防勢に立つという決定もあった。しかし、エジプト軍の弱点を見破っていたシャロンは、ひそかに工兵部隊に命じて渡河準備を進めていた。

開戦から九日目の一〇月一四日、ようやくスエズ運河の逆渡河が決定した。一五日午後六時、橋頭堡《きょうとうほ》の占領、確保を命じられたシャロンの第一四三師団は、それまでの鬱憤《うっぷん》を晴らすかのようにスエズ運河に向かって突進し、まず歩兵部隊を渡し、翌朝には戦車部隊も西岸に入った。後続する第一三一師団も渡河し、西岸に確固とした地歩を得てさらに進撃、という態勢をとったところで停戦となった。

中央と現地との反目

なぜシャロンが主張するスエズ運河逆渡河がなかなか認められなかったのか。一つには国際政治の動きが関係している。さらにイスラエル軍首脳がかかえる「出身」の違いによるところも大きい。イスラエル軍は、独立運動時の武装地下組織〈ハガナ〉を母体としており、そのなかでも精鋭五〇〇〇人からなる突撃隊〈パルマハ〉が中核であった。

国防相のモッシェ・ダヤン、参謀総長のダビデ・エラザールらは〈パルマハ〉出身であった。この系統の人は、当時の与党〈マーラハ〉の支持母体を形成していた。一方、シャロンは〈パルマハ〉の出身ではなく、かつ当時の野党〈リクード〉の支持者であった。のちに彼は〈リクード〉の党首、首相を務めている。

こうした政治的な問題もからんでいたのだ。さらにスエズ運河渡河を認めると、シャロンはカイロまで行ってしまい、複雑な中東情勢がさらに複雑になることまで危惧された。

見方を変えれば、この問題は中央と現地との反目とも総括できる。全般の戦況を見て、アメリカの支援を考慮しつつ戦争指導しなければならない中央としては、冒険はできない。一方で、現地は生の情報を得て今がチャンスだと判断し、中央の躊躇に不信感を強めるという図式である。中央と現地がリアル・タイムの情報交換が可能となった今日でも、これは大きな問題であろう。

タンネンベルクの勝敗は、奉天《ほうてん》のプラットホームで決まっていた。

一九一四年九月／ドイツ第八軍作戦主任参謀

マックス・ホフマン中佐

奉天駅に集結したロシア軍

ロシア軍の動員は遅れる、だから対フランスとの二正面作戦は成立する、これが第一次世界大戦におけるドイツ軍の戦略の大前提だ。一九一四年七月二八日、ロシアは総動員を決定し、これが意外に急速に進み、八月一七日にロシア軍の先鋒はドイツ領内に入った。

ドイツは東部戦線に第八軍しか配備しておらず、ヴィスラ川まで後退かと思われた。そこで第八軍に送りこまれたのが、切り札のＨＬコンビ、パウル・フォン・ヒンデンブルク大将とエーリッヒ・ルーデンドルフ少将であった。この二人にしても、ロシア軍撃破の自信があったわけではない。第八軍司令部でただ一人落ち着いていたのが、作戦主任のホフマン中佐であった。

奇跡的勝利の裏側

ロシア軍は、パーヴェル・レンネンカンプ大将の第一軍が西北から、アレクサンドル・サムソノフ大将の第二軍が南から東プロイセンに進入してきている。これに対するホフマン中佐の構想は、西進してくるロシア第一軍を牽制しておいて、第八軍をタンネンベルク付近に集結させ、この主力をもってロシア第二軍を包囲して殲滅《せんめつ》するというものであった。

新任のルーデンドルフ参謀長は、この案に反対して激論となったが、ホフマン中佐が示した根拠には脱帽して了承し、強固な意志をもってこの計画を断行した。その結果、八月三一日までにロシア第二軍は殲滅されて、サムソノフ大将は自決した。九月に入ってからロシア第一軍も撃破された。ロシア軍の死者は、最低でも三万人、最大で一〇万人、捕虜一〇万人と言われる。

ではホフマン中佐は、何を根拠に自信を持っていたのか。彼は大尉のとき、日露戦争に観戦武官として従軍しているが、そこで目にした光景が根拠であった。一九〇四年八月の遼陽《りょうよう》会戦のとき、サムソノフとレンネンカンプは共に騎兵師団長であった。

烟台《えんだい》をめぐる戦闘にさいして、苦戦していたサムソノフをレンネンカンプが支援しなかったとかで、二人は衆人環視のなか、奉天《ほうてん》のプラットホームで派手な殴り合いを演じた。その現場にホフマンがいたのである。

あれほどの感情のもつれがあり、しかもレンネンカンプが七歳も年長だ。サムソノフの第二軍が苦境に陥っても、レンネンカンプの第一軍は救援に赴かないであろうとホフマン中佐は読みきった。それが現実となったということだ。

この快勝についてホフマンは、「ワーテルロー会戦の勝利が、イートン校の校庭で決まっていたとすればだね……」と前置きして、この言葉を続けたという。戦史を知ることの意味、さらには人間関係までを頭に入れておくことが、いかに重要かを物語る一つの例証であろう。

今日における支那青年の欠陥は、「道徳」です。私の兵士を強からしめるために、私の軍隊内に欲しいものはそれです。

一九一二年（明治四五）／奉天巡按使

張《ちょう》 作《さく》霖《りん》将軍

清《しん》朝末期、奉天《ほうてん》に入って伝道と医療奉仕にあたったデュガルド・クリスティーが記した『奉天三十年』が伝えてくれた張作霖《ちょうさくりん》の肉声である。

張作霖は続けて語る。「ナポレオンは驚くべき将軍であったが、しかし一つのものを欠いた。彼は力を持っていたが道徳的原理を有していなかった。そのゆえに彼は全世界に対する脅威であった」。

まさかあの張作霖が、ここまでナポレオンを知悉《ちしつ》し、こう語っていたとはと、意外な感に打たれるはずだ。

緑林の王者

漢《かん》の時代、反乱分子が湖北省《こほく》の緑林山《りよくりんざん》にこもって盗賊と化した故事から、無法集団を「緑林」と呼ぶようになった。戦前の日本でも、無学で乱暴者を「緑林大学出身」と揶揄《やゆ》したものだった。中国の無法集団もさまざまあるが、日本で知られた筆頭は馬賊であろう。馬賊といえば、代表格がこの張作霖である。彼は遼陽《りようよう》の南、海城《かいじよう》生まれだが、生年は定かではない。貧しい寡婦《かふ》のもとで育ち、少年のころ、すでに緑林の一員であった。

日露戦争が始まると、張作霖は一隊を率いてロシア軍に加担し、日本軍に逮捕された。そしてみずからの命と交換で日本軍に協力することになる。田中義一《たなかぎいち》や井戸川辰三《いどがわたつぞう》らは「張作霖を助命したのはおれだ」と自慢話ばかりで、日本に寝返った経緯ははっきりしない。

ただ、張作霖が心服していた日本の軍人は、満洲軍総司令部の情報主任をしていた福島安正《ふくしまやすまさ》だけであったようだ。それなのに、「張作霖はおれの言うことは聞く」と思いこんだ人が多すぎたことが問題を複雑にした。

張作霖が急速に勢力を伸ばした背景には、もちろん日本軍の存在があるが、なにより彼の統率力がものをいった。部下を束ねる頭目といっても教育はないし、部下は荒くれの流民だから統率が難しい。それゆえ日本の軍人が目をむくほど、彼らの規律は厳しく、信賞必罰がはっきりしていたという。しかし、恐怖の支配だけでは真に精強な軍隊とはなりえない。そのことを張作霖は痛感していたからこそ、信頼する外国人にこのような告白をしたのであった。

クリスティーは、張作霖の言う「道徳」を、宗教、道徳的原理と理解した。しかし、軍隊についてならば、士気《モラール》となって現われる、内なる心となるのではないだろうか。では、張作霖はモラル発揚の基礎を何に求めようとしたのか。

二〇世紀という時代を考えると、やはり勃興しつつある中国のナショナリズムであったのかもしれない。そこに日本の大陸政策との摩擦が生まれ、一九二八年六月の張作霖爆殺事件へとつながり、三一年九月の柳条湖事件、さらに三七年七月の盧溝橋事件へと流れて行く。

戦艦〈ビスマルク〉は、ドイツ帝国海軍ありし日を偲ばせるにふさわしく、絶対的に不利な情勢にもかかわらず、終始敢然と戦い、軍艦の誇りとともに身を沈めていった。

一九四一年五月／英本国艦隊司令長官

ジョン・トヴェイ大将

勝利を得た者が、死力を尽くした敗者に称賛の辞を投げかける、これは古来から武人の美風とされる。無味乾燥な第二次世界大戦でこの数少ない例が、トヴェイ提督のこの言葉だ。「これほどすごい敵を倒したおれは、もっとすごい」と聞こえなくもないが、このようなエールの交換は気持ちがよい。

さてわれわれ日本人は、一九四二年（昭和一七）三月にジャワで沈没した米重巡洋艦〈ヒューストン〉に賛歌を送っただろうか。孤立無援、文字どおり最後の一発まで撃ち、軍艦旗を掲げたまま沈没した敵艦〈ヒューストン〉に敬礼すべきであったが、そのようなことは寡聞にして知らない。

〈ビスマルク〉を撃沈せよ

一九四〇年一一月竣工、排水量四万二〇〇〇トン、一五インチ砲八門、速力三〇ノット、砲塔装甲一三インチ、〈ビスマルク〉は最新最強の戦艦であった。この怪物が一九四一年五月二二日、ノルウェーのベルゲンから大西洋に乗り出した。イギリス海軍は面目にかけても、これを撃破しなければならない。

まずグリーンランドとアイスランド間のデンマーク海峡で、五月二四日に巡洋戦艦〈フッド〉と戦艦〈プリンス・オブ・ウェールズ〉が接触した。〈ビスマルク〉は〈フッド〉を轟沈《ごうちん》させ、〈プリンス・オブ・ウェールズ〉を撃破してしまった。しかし、〈ビスマルク〉も被弾して、修理のためフランスのサンナゼールに艦首を向けた。

イギリス海軍は、総力を挙げて追いすがった。最終的には戦艦八隻、空母二隻、重巡洋艦四隻が追跡戦に参加している。五月二七日、トヴェイ提督座乗の戦艦〈キング・ジョージ五世〉と戦艦〈ロドニー〉が追いついた。燃料は尽きかけ、ドイツ空軍の威力圏ぎりぎりの海域であった。

午前八時四七分、〈ロドニー〉は初弾を〈ビスマルク〉に向けて発射した。その一分後、〈キング・ジョージ五世〉も砲門を開いた。前日、艦尾に航空魚雷を受けて行動が不自由な〈ビスマルク〉であったが、八時五〇分に応戦を開始した。

〈キング・ジョージ五世〉の艦橋《かんきょう》では、トヴェイ提督が双眼鏡を覗いている。そのかたわらにいた砲術長は、〈ビスマルク〉の主砲の発射閃光を観測して、「砲弾の飛翔時間、五五秒」と報じた。するとトヴェイは、「三八センチの砲弾が自分の横腹に命中する正確な時間を知らせてもらいたくないね」と笑って言った。

イギリス艦隊はあらゆる砲で集中射撃を浴びせた。四〇〇〇メートルを切るまでに接近し、戦艦の主砲が水平射撃となった。魚雷も撃ちこんだ。それでも〈ビスマルク〉は粘ったが、ついに午前一〇時四〇分、左舷《さげん》へ傾斜して横転、沈没した。最後まで爆発はしなかった。そしてウィンストン・チャーチル首相は、フランクリン・ルーズベルト大統領に「〈ビスマルク〉は恐るべき艦であり、軍艦建造における傑作でした」との電報を送っている。

言うなればだね、米軍の将校たちは母校のネクタイをしていないね。

一九四三年二月／英米連合軍副司令官

ハロルド・アレグザンダー大将

一九四二年一一月初頭、アメリカ軍は北アフリカに上陸した。これでイギリス軍は、孤立無援から脱して、最後の勝利も見えてきた。ところが新参のアメリカ軍は不手際ばかりで、イギリス軍はその尻ぬぐいに追われた。互いに不信感をつのらせ、せっかくの連合体制に亀裂が生じかねない事態となった。

そこでハロルド・アレグザンダーは、ネクタイの話にかこつけて婉曲《えんきょく》にチクリとやった。レジメンタル・タイは、連隊や大学ごとに斜線の色が決められており、出身母体を誇りとする象徴だ。それをしていないのは、伝統に根差す義務感が欠如していることだと皮肉っているわけである。

カセリーヌ峠の一戦

イギリス第八軍はリビアから、英米連合軍がアルジェリアから進み、チュニジアでドイツ軍を挟み撃ちにして撃滅する。簡単な話のようだが、なかなかうまくいかなかった。ドイツ軍はいち早くチュニジアの橋頭堡《きょうとうほ》を固めて、長期戦の様相を呈するにいたった。

英米のあいだで不協和音が高まるなかで、アメリカ軍が大失態を演じてしまう。一九四三年二月、チュニジア中部の山岳地帯を抜けて海岸線に出ようとしたアメリカ軍は、カセリーヌ峠でドイツ軍の反撃に遭った。この戦闘でアメリカ軍の虎の子、第一機甲師団〈オールド・アイアンサイド〉の支隊三個のうち二個が壊滅し、戦車・装甲車一六五両損失、捕虜二〇〇〇人の損害を出した。

戦況を打開しようとB17爆撃機群がカセリーヌ峠に向かったものの、どうしたことか一五〇キロも北方のアラブ人集落に投弾する始末。これを知ったフランクリン・ルーズベルト大統領は、「われわれの兵隊《ボーイ》たちで戦争になるのかね」と側近にもらしたという。この事態を収拾したのが、アレグザンダーであった。

ダンケルク、ビルマ、北アフリカと長く戦場を歩いてきたアレグザンダーは、アメリカ軍を見て大変失望したという。身近な人には、アメリカ軍の将兵は「精神的にも、体力的にもひ弱く、青臭い」とまで語っていたそうだ。それが本当だとしても、公式の席でそうは言えない。まだ固まっていない米英連合体制が瓦解しかねないからだ。しかし、一言は言いたい。そこで、柔らかくネクタイの話で表現したのだろう。

もちろんこの発言を伝え聞いて怒ったアメリカの軍人もいたはずだ。しかし、なんともセンスのある言い回しで、怒れば自分のセンスが疑われかねない。軍人は武人らしく端的かつ直截《ちょくせつ》な物言いが好ましい。しかし、また高級軍人は外交官でもある。時と場合、そして自分の地位をわきまえたうえで言いたいことを口にする、これには修養と教養が必要だ。

私は空軍によって連れてこられたのではない。だから飛行機では帰らない。私は歩いていく。

一九四二年五月／中国方面米陸軍司令官

ジョゼフ・スティルウェル中将

一九四二年三月から中国国民政府軍の参謀長を兼務していたスティルウェル中将は、日本軍のビルマ進攻に対処すべく、中国軍二個軍を率いて雲南《うんなん》省から南下した。ところが日本軍の進撃が急で、雲南省と結ぶビルマ・ルートが遮断され、インドへ退却するしかなくなった。ところが満足な道路がない。大陸にある最高位の米軍将官なのだから、空路で脱出するのが当然だ。

ところが「生粋《きっすい》の歩兵」で有名なスティルウェルは、頑として「歩いて帰る」と言い張って聞かない。ビネガー・ジョー（怒りっぽいジョー）の面目躍如である。そして本当にジャングルを二一日間、歩き通してインドのアッサムにたどり着いた。

空前の大土木工事

そのニックネームからもわかるように、スティルウェルは妥協を知らない頑固な人であった。蔣介石《しょうかいせき》に対しても公然と反対意見を述べて国民政府軍を批判しつづけ、結局、一九四四年一〇月に参謀長を辞任した。中国軍とうまくやっていた義勇空軍（フライング・タイガーズ）のクレア・シェンノート少将とも衝突して、彼を退役に追いこんだ。この方面のイギリス軍最高司令官であったルイス・マウントバッテン元帥とも戦略問題で始終衝突していた。

にもかかわらずアメリカは、スティルウェルを使いつづけ、終戦時には沖縄にあった第一〇軍司令官であった。円滑な連合体制を何よりも重視したアメリカの首脳でも、この二一日間にも及ぶ苦難の行軍という実績は、無視できるものではない。もし彼を更迭したならば、一緒に歩いた将兵が納得しなかったであろう。

スティルウェルは、この苦難の行軍を過去の栄光にとどめることなく、その教訓からとてつもない事業を考えだした。この地域の戦略態勢を完璧にするためには、アッサム地方と雲南省を道路とパイプ・ラインで結びつけるというのである。ハンプ越えと言われる航空路はあったのだが、歩兵のスティルウェルはそんな不安定なものでは駄目だと主張したのだ。

　人跡未踏、世界的な豪雨地帯、ジャングルに覆われた三〇〇〇メートル級の山がそびえる山岳地帯に、七六〇キロのハイウェーを通すのである。しかも、二条のパイプ・ラインを併設するという。まずマウントバッテンが、「それは夢だ」と強く反対した。しかし、スティルウェルは持ち前の頑固さで押し通した。一九四二年一二月、インドのレドから工事が始まり、レド公路と呼ばれることとなる。

　一九四五年一月、約七七〇キロに及ぶレド公路が開通して中国側の滇緬《てんめん》（雲南省とビルマ）公路と連結し、世紀の大土木工事が終わった。この公路上、要衝となったミートキーナの攻略戦では、スティルウェルも鉄帽をかぶり、カービン銃を肩にして第一線に立った。「歩兵のジョー」らしい姿であった。

いつから将校が兵士より先に逃げていいことになったのかね？

一九四四年二月一七日／ドイツ第八八歩兵師団長　**グラーフ・リットベルク中将**

雪中を後退するドイツ軍

ウクライナ戦線、キエフの南でドイツ第八軍の一部がソ連軍に包囲された。ソ連側では「コルスンの包囲戦」と呼ばれるものだ。ドイツ軍は包囲陣の外から攻撃して、包囲された友軍を救出しようとしたが、はかばかしく進まない。結局、包囲陣内の部隊は、一歩、一歩独力で脱出路を切り拓《ひら》くほかはなかった。ニュールンベルクで編成された第八八歩兵師団もその一つだった。

この部隊の後退路には、運よく橋があった。追撃してくる敵に後ろ髪をつかまれるのではと、慌てふためいて橋に殺到し、パニックが生じかけた。そこで師団長は、シニカルな一言を口にした。恥じ入った将校たちは、秩序の回復に努め、パニックは未然に防がれた。

指揮する者の責務

臨時に将校だけの中隊を編成し、後衛となって全滅したという話はかなりある。一九四四年五月、クリミヤ半島からドイツ軍が撤収するさい、ある部隊で全員が船に乗りきれない。すると、すでに乗船していた将校に下船の命令が下され、乗船地区の防衛に投入されて全滅している。

このような命令が平然と下され、当たり前のように黙ってこれに従うのはなぜかと考えさせられる。宗教観、死生観もからんでくる問題だが、組織論としては社会が貴族的で、その階層がそのまま軍隊に持ちこまれているからだろう。人の上に立つ者の矜持《きょうじ》を自然と学んだ者が将校だから、指揮官としての責務と高貴なる者の義務を果たし、当たり前のように自分の命も投げ出す。このような構造の軍隊では、無理を重ねた統率を必要としない。

一方、一般社会の階層や秩序とはまったく違ったものを軍隊内で構築するとなると、大変な労力と無理が生じる。何やら意味不明な軍隊用語を強制するのはしかたがないにしろ、殴って教えるとなると問題だ。さらには眼鏡をかけたインテリを、鍛えてやると称して私的制裁を加えて苛《いじ》めるとなると、効率的な人材活用など念頭にないことの証明にすらなる。

指揮する者が率先して責任を果たせば、兵士も進んで指揮官のもとに集まる。

これについて、信じられない話を聞いたことがある。一九四五年春、ドイツ本土戦。駐ドイツの日本大使館武官室に勤務していたある大佐が、戦況視察に歩いていた。するとドイツ軍の下士官が駆けよってきて、「貴官はどこの国の将校で、階級は何ですか」と尋ねる。「日本陸軍の大佐だ」と答えると、「同盟国ではありませんか、これは好都合だ。実はここに部隊はいるが、将校がいない。大佐殿に指揮していただきたい」。日本陸軍の将校だからと断わると、この下士官は、「将校なのに、なぜ断わるのか」と実に不思議そうな顔をしたそうである。

青二才には絶対チャンスを与えてやらない。劣勢な兵力で向かってくるほど敵が馬鹿なら、公平な機会を与えるわけにはいかない。

一九四四年一〇月／米第七艦隊艦砲支援群司令官　**ジェシー・オルデンドルフ少将**

一九四四年一〇月二一日、アメリカ軍はフィリピン中部のレイテ島に上陸を開始した。日本軍は「捷《しょう》」一号作戦を発動して決戦を挑み、連合艦隊は全力を挙げてレイテ湾に突入することとなった。これを迎撃するのは、艦砲支援に当たっている第七艦隊の戦艦群、その指揮官がオルデンドルフ少将であった。巨大戦艦〈大和《やまと》〉〈武蔵《むさし》〉の存在は知られていたが、その本当の姿はまだ明らかではない。どんな魔物が襲いかかってくるのか、アメリカ軍も不安であったろう。

そこでオルデンドルフ司令官は、ギャンブラーの心得「カモにはチャンスを与えてやらない」をもじった檄《げき》を飛ばした。提督の訓示にしてはいささか伝法《でんぽう》だが、士気を高揚させるためならこのくらいは許される。

レイテ湾頭のT字戦法

アメリカ艦隊の迎撃態勢は、三段構えだった。まず魚雷艇の警戒網を設ける。次に駆逐艦二一隻が魚雷攻撃にあたる。そして最後に戦艦六隻と重巡洋艦四隻が控える。この戦艦六隻のうち五隻は、真珠湾で沈没後、引き揚げられて再生したものだった。その主砲の合計は、一四インチ砲六〇門、一六インチ砲八門。

位置的にも米第七艦隊が有利であった。アメリカ艦隊はレイテ湾内に広く展開できるが、そこにスリガオ水道を通って突入する日本艦隊はどうしても縦隊《じゅうたい》となる。全火力を縦隊の先頭に集中させ、順次に撃破していく理想的なT字戦法がアメリカ側に成立する。

主力から分派されて、南から迫った西村祥治《にしむらしょうじ》中将を司令官とする第三部隊は、一〇月二五日午前四時突入の予定でスリガオ水道を北上した。アメリカ側は計画どおり、まず魚雷艇で襲撃して駆逐艦二隻を撃沈し、一隻を撃破した。第三部隊は前進を続けたが、駆逐艦も加わった水雷攻撃を受けて旗艦の戦艦〈山城《やましろ》〉が撃沈された。なおも進む第三部隊に米戦艦群の砲撃が集中して、戦艦〈扶桑《ふそう》〉も沈没し、午前四時には駆逐艦一隻のみが残る惨状となった。

午前四時三〇分には、志摩清英《しまきよひで》中将が率いる第五艦隊がスリガオ水道に突入した。重巡洋艦二隻を基幹とする艦隊では勝負にならず、魚雷を発射しただけで早々と退避した。続いて栗田健男《くりたたけお》中将が率いる本隊が突入するはずであった。あと二時間ほどで米上陸船団が視認できる距離まで迫ったが、一二時三〇分ごろに突入を断念し、反転して北上した。

栗田艦隊はシブヤン海で猛烈な空襲にさらされ、戦艦〈武蔵〉などを失っていたものの、レイテ湾に迫った時点で戦艦〈大和〉〈長門《ながと》〉〈金剛《こんごう》〉〈榛名《はるな》〉を擁していた。一八インチ砲九門、一六インチ砲八門、一四インチ砲一六門の戦力だ。もしオルデンドルフと栗田の対決が実現したとすれば、どちらに軍配が上がったことであろうか。

また、架空戦記となれば、北上していた米第三四任務部隊の高速戦艦五隻がレイテ島付近に急行して、栗田艦隊と会敵していたならばどうなっていたかだ。新型の一六インチ砲四五門対〈大和〉の一八インチ九門の対決だが、おそらくは米艦隊の勝利となっていただろう。

海軍が一隻の軍艦を造るには三年かかる。しかし、新しい伝統を築くには三〇〇年かかるだろう。だから撤収作戦はやらねばならない。

一九四一年五月／英地中海艦隊司令長官

アンドリュー・カニンガム大将

第二次世界大戦中、イギリス軍は大規模な海路による撤収作戦を四回行なっている。一九四〇年五月から六月にかけてノルウェーから、ダンケルクを中心とするフランスから、翌四一年四月にはギリシャから、同年五月から六月にかけてのクレタ島からの撤収である。どれも困難な条件下での作戦であったが、クレタ島のケースが最悪であった。

開戦以来、酷使されてきた英地中海艦隊は整備と補充を必要とした。しかし、ギリシャからの撤収作戦と連続したため、時間的な余裕がなく、疲れきったままでクレタ島に向かわなければならなかったのだ。しかも撤収部隊の乗船地域に航空機による掩《えん》護《ご》がない。これでは一方的にドイツ空軍の攻撃にさらされ、撤収艦隊そのものが全滅しかねない。数少ないネルソン・タイプの提督といわれたカニンガムが、事態を憂慮する幕僚に気合を入れた一言がこれである。

海洋民族の底力

海路による撤収作戦の代名詞ともなったダンケルクからの撤退「ダイナモ作戦」は、当初の見積もりでは四万五〇〇〇人の将兵を救出できれば上出来とされていた。ところが実際にはその七倍以上、三三万八〇〇〇人をイギリス本土に移送することに成功した。こんな奇跡がなぜ起きたのか。海洋民族の底力が爆発したからだと言うほかはない。

海軍が動員した艦艇二二四隻もたいしたものだが、民間船舶六六五隻がダンケルクに向かったのだからすごいことだ。豪華ヨットを操る富豪から、海洋少年団員までが、当局の呼びかけに応じて自発的にドーバー海峡を往復した。イギリスが持つシーパワーの厚みを実感させる出来事であった。もちろん強力な英本国艦隊の掩護があり、イギリスの玄関口であるドーバー海峡だったからできた芸当と評する人もいるだろう。しかしイギリス海軍は、地中海でも第二、第三の「ダンケルク」を演じてみせたのであった。

一九四一年四月、ドイツ軍はギリシャに侵攻し、同月末にはギリシャを支援していた英連邦軍は海路による撤退を余儀なくされた。派遣されていた英連邦軍のほぼ八割、五万人が脱出した。クレタ島から発進した航空機による掩護があったから、なんとか成功したのだ。続いて同年五月二〇日、ドイツ軍は空挺部隊を先鋒とするクレタ島攻略戦を開始した。

陸海軍の一体感

急報を受けた英地中海艦隊は、ただちにクレタ島周辺海域へ出撃したものの、ドイツ空軍の攻撃にさらされた。エジプトの基地から六四〇キロ、行動半径三〇〇キロほどの戦闘機では遠すぎて掩護できない。ドイツ空軍の攻撃にさらされた英地中海艦隊は、交戦三日で軽巡洋艦二隻、駆逐艦四隻を失った。これではクレタ島で戦う英連邦軍とギリシャ軍合計四万二〇〇〇人への補給もままならない。

そして五月二七日、ついに全軍撤収と決まった。最も困難な「第三のダンケルク」の始まりである。アンドリュー・カニンガム提督は、エジプトからクレタ島へ出撃する艦艇に、「彼ら（ドイツ軍）にわが陸軍を打倒させてはならない」との信号を送り、標題の一言で士気を鼓舞《こぶ》した。どの艦艇からも喊声が上がったという。六月一日まで

「第三のダンケルク」が続き、一万八〇〇〇人を撤収させた。「味方を見捨てない」の精神は形になったのである。

このクレタ島をめぐる一連の作戦で、英地中海艦隊は、軽巡洋艦三隻、駆逐艦六隻を失い、死傷者は二〇〇〇人を数えた。それでも伝統が守られたことを考えれば、充分に釣り合いのとれる結果だったとするのがイギリス海軍の総括であった。

どこの国でも海軍と陸軍の仲はしっくりいかないもののようだが、このような戦史を見るかぎり、イギリスは例外のようだ。それにしても、陸軍のために海軍が全滅を賭《と》して戦うということは珍しい。シーパワーをもって大陸勢力を制するというイギリスの戦略思想は、海軍と陸軍の円滑な関係を求めるからなのだろうか。

ちなみにこのギリシャ、クレタ島からの撤収作戦が展開されていたとき、北アフリカ戦線で英第八軍司令官を務めていたアラン・カニンガム中将は、カニンガム提督の実弟である。

またカニンガム提督は、ウィンストン・チャーチル首相をも恐れず、平気で直言する数少ない高級軍人の一人としても有名であった。そんな性格などを知ると、なおさら標題の一言の重さが理解できる。

貴様たちになくて、敵にあるのはガッツなんだ。

一九四二年九月一三日／米第一海兵師団強襲大隊長　**メリット・エドソン中佐**

ガ島での川口支隊

ガダルカナル争奪戦、一木《いちき》支隊の攻撃が失敗し、次いで川口《かわぐち》支隊が飛行場を攻撃した。米第一海兵師団の防衛線の一画を突破し、滑走路にまで達した部隊もあった。重要正面で防戦していた強襲大隊長のエドソン中佐は、第一線に立って部下を叱咤《しった》した。海兵隊《マリンコー》の好みにぴったりの、ひねった一言で解説は不要だろう。ここでは逆に、海兵隊で最強の強襲大隊をたじろがせた日本軍の大隊長にスポットを当ててみたい。

「あと握り飯が二つあれば」

川口清健《かわぐちきよたけ》少将が指揮する歩兵四個大隊基幹の川口支隊は、昭和一七年（一九四二）九月一二日に夜襲を開始した。一三日の天明を迎えていったん攻撃を中止し、その日のうちに夜襲を再開した。この攻撃は相当な成功を収め、滑走路まで進出して敵中にとぐろを巻いた一個大隊があった。

この大隊は仙台の歩兵第四連隊第二大隊で、大隊長は田村昌雄《たむらまさお》少佐である。仙台の第二師団は日露戦争中、師団規模の夜襲を成功させるという世界的にも稀な戦歴を誇る。その伝統から歩兵第四連隊も、「夜襲ならまかせろ」という自信があったそうだが、田村大隊の夜襲は海兵隊を驚嘆させるほど見事なものだった。海兵隊の戦史には騒々しい激戦のように記されているが、田村大隊の攻撃は夜襲の原則どおり静粛そのもの、ほとんど発砲することなく、銃剣だけで進路を切り開いていった。

滑走路に出た田村大隊は、米軍の塹壕《ざんごう》に入って態勢を整えた。ここから最終目標の海岸線までは見通しがよく、米軍の火力が発揮しやすい。火の壁に挑むとなって田村大隊は、自分たちが敵中に孤立していることを知った。主力も後続してこない。それよりも困ったのは空腹だった。飲料水もない。それでも三日二晩、粘りに粘ったが、万策尽きて後退した。

一〇月九日、第一七軍司令部がガダルカナル島に進出した。幕僚の一人に大本営《だいほんえい》から派遣されていた辻政信《つじまさのぶ》中佐がいた。田村昌雄と辻は、名古屋の陸軍幼年学校二一期、陸士三六期の同期で、一四歳からの友人だった。二人は偶然にも第一線で邂逅《かいこう》した。そのときの会話は、「ガ島」すなわち「餓島」を象徴するものであった。

「おい辻よ、握り飯がもう二つあったらな、完全に成功しただろうよ。支隊で固まって進めば、飛行場を取れたよ。惜しいことだったよ」

補給の責任は第一七軍にあったから、辻政信は頭をさげるほかなかったであろう。それにしても三日もどうやって粘ったかと訊くと、「敵さん、大砲を撃つにも近すぎて困ったろうよ。女の笑い声も聞こえたよ。連中、女連れで戦《いくさ》をやっとるよ」。これには戦術の神様と言われた辻政信も脱帽した。部隊で訓練に明け暮れた隊付将校でなければ、指揮できなかった一戦であった。

メジャー・タムラを探せ

昭和一八年二月、第二師団はガダルカナルを撤収し、フィリピンで整備、マレー半島の警備からビルマ戦線に向かった。この間に田村昌雄は中佐に進級、内地に帰還し、終戦時は姫路にあった歩兵第三五六連隊の連隊長だった。

大阪にまず進駐したのは、米海兵隊だった。日本当局と折衝を始めるとすぐに、「メジャー・タムラはどこにいるか」。どこの田村少佐かと尋ねると、「ガダルカナルの大隊長だ」と言う。その人ならば、姫路で連隊長をしていますと伝えると、すぐに呼び出せとなった。連絡を受けた田村中佐は、これは戦犯かと観念したという。

大阪に出頭した田村昌雄を丁重に迎えた海兵隊の士官は、「メジャー・タムラ、探しておりました。わが海兵隊を恐怖に陥れた貴官こそ勇者中の勇者です。少佐殿にお会いできたことは、小官の光栄とするところです」と語る。さらに驚かされることに、「いかがでしょうか、海兵隊の学校にお越しいただいて、あのガダルカナルの戦闘や近接戦闘の極意をマリーンに伝授してもらえないものでしょうか」と頼みこまれた。そこまで言われたならば仕方がないと、田村昌雄はその場でアメリカ行きに同意した。

向かった先は、バージニア州クワンティコの海兵隊学校であった。ここで数年、客員教官としてガダルカナル島戦を中心に大隊戦闘を教授することとなった。彼の講義は大好評で、歴戦の勇士として尊敬を集め、敗戦国の将校であるにもかかわらず、卑屈な思いをすることはいっさいなかったという。このように遇された日本軍の将校は、おそらく田村昌雄ただ一人ではなかろうか。帰国後、同期生から、どうだったと尋ねられると、「面白かったよ、マリーンの連中は。おかげで英語ができるようになったよ」と笑っていたそうだ。

諸君、この一事を忘れるな。海兵隊が上陸して敵と白兵戦を交えるとき、海兵隊員の身につける唯一の装甲は一枚のカーキ・シャツだけであることを。

一九四三年一一月／米第二海兵師団長　ジュリアン・スミス少将

タラワに上陸する海兵隊

アメリカ海兵隊《マリンコー》は、独立戦争の最中、一七七五年一一月に創設された。『海兵隊賛歌』に歌われているように、「正義と自由のために真っ先に戦う」をスローガンに、アメリカの尖兵としての役割を果たしてきた。そんな長い歴史を持っていたにせよ、敵が厳重に守りを固めている海浜に直接揚陸するという作戦の経験はなかった。

日本軍の防衛線の外郭部を剝《は》ぎとるギルバート諸島攻略の「ガルバニック作戦」は、まさにこの未経験の強襲敵前上陸となった。本当にやれるのかと不安材料は山積していた。結局、最後に頼りとしたのは将兵のガッツであった。ガダルカナル戦を経験したスミス少将は、改めてそれを喚起して戦場へ向かった。

水陸両用作戦の始まり

太平洋に点在する島嶼《とうしょ》を奪取して前進基地とし、それを積み重ねて日本本土に迫るという構想は、早くも一九一〇年代に海兵隊のなかで芽生えていた。その提唱者はアール・エリス少佐で、彼は現地調査の途中、一九二三年にパラオ諸島コロールで病没している。

上陸作戦そのものは、長年にわたりおもにカリブ海で腕を磨いてきた。しかし、敵が防備を固めている島嶼に敵前上陸して、これを奪取するとなると、それまでのコンセプトではカバーしきれない部分が多くなる。そもそも敵弾が集中する海浜に上陸できるものなのか。それを成功させるハードとソフトの開発が始められた。

ハード面でのポイントは、上陸用艦艇の開発であった。兵員や重装備・補給品を迅速に、かつまとめて揚陸させるには、海浜に直接乗りあげられる平底船《ひらぞこせん》が必要となる。それも用途に応じて設計しなければならない。そこで完成したのが、戦車を揚陸させるＬＳＴ（戦車揚陸艦）、車両や兵員を揚陸させるＬＣＶＰ（車両・人員揚陸艇）などである。また第一波の兵員の損害を防ぎ、下車することなく内陸へ進攻できる、水陸両用の装甲車ＬＶＴ（装軌式両用車）も開発された。

問題はソフトであった。資材・補給品をどんな順番で輸送船に積みこむか。兵員を満載した上陸用舟艇をどのように誘導し、どんな隊形で海浜に乗りあげるか。一九二四年一月、パナマ運河のクレブラで一個大隊規模の上陸演習が行なわれたが、結果は惨憺《さんたん》たるものであった。上陸用舟艇の隊形は支離滅裂、上陸を支援する艦艇や航空機との連絡も混乱した。

その後も演習を重ね、マニュアルやSOP（作戦手順）を整備したものの、実際に敵弾敵火の下でやってみないとわからない点が数多くあった。本当にこれでやれるのかという不安、マリーンならばやってくれるだろうという期待、スミス少将の胸中は複雑であったろう。

血みどろのタラワ

多くの環礁《かんしょう》が点在するギルバート諸島のなかで、マキン環礁のブタリタリ島、タラワ環礁のベチオ島、アパママ環礁のアパママ島を占領することとなり、主たる攻撃目標は飛行場のあるベチオ島となった。海兵隊は、ここの日本軍は海軍陸戦隊《りくせんたい》で、航空偵察によって兵力四五〇〇人とほぼ正確に読みきった。攻撃するアメリカ軍は三万五〇〇〇人、船舶二〇〇隻が動員され、戦艦三隻を主力とする艦隊が直接支援する。戦力格差は圧倒的なものの、不安は残る。ベチオ島は南北約五〇〇メートル、東西約四キロメートルしかない。どこに橋頭堡《きょうとうほ》を設定するにしても、すべて日本軍のトーチカの前ということになる。しかも島の周囲には、天然の装甲とも言うべきサンゴ礁のリーフが取り巻いている。

一九四三年一一月二一日、ベチオ島への上陸作戦が敢行された。事前の艦砲射撃で撃ちこまれた砲弾は三〇〇〇トン、それでも日本軍はほぼ無傷で海兵隊を迎え撃った。上陸第一波のLVTは、リーフを越えようと苦闘しているところを狙い撃たれた。用意されたLVT一二五両のうち九〇両が撃破され、後続するLCVPはリーフを越えられず、兵員は泳いで海浜を目指す。上陸第一日、なんとかベチオ島にたどり着いたのは五〇〇〇人、うち一五〇〇人は負傷者だった。

それでも海兵隊はやり遂げた。激闘四日、佐世保鎮守府《させぼちんじゅふ》第七特別陸戦隊を主力とする日本軍守備隊は文字どおり玉砕した。米海兵隊と海軍の損害は、死者一一四〇人、負傷者二三〇〇人と記録されている。この戦闘を教訓にハードとソフトが改善されたことはもちろんだが、将兵のガッツが決定的なものであることも再確認された。

退却だと、とんでもない。新たな正面に対して攻撃するのだ。

一九五〇年一二月五日／米第一海兵師団長　オリバー・スミス少将

長津湖からの撤退

朝鮮戦争の終結を目指して鴨緑江《アンノッカン》に向けて進撃していた国連軍と韓国軍は、一九五〇年一〇月に介入してきた中国軍に阻止された。どこの戦線も苦戦となったが、最も危機的状況に陥ったのが米第一海兵師団であった。興南《フンナム》の北、山岳地帯の山道のなかで五つの円陣に分断されて孤立し、猛攻にさらされた。一本道で、しかも両側の山には中国軍が充満している。

後退作戦が成功するかどうかさえ危ぶまれていたとき、記者団が現地の下碣隅里《ハガルリ》に入り、師団長のインタビューが行なわれた。このあたりが海兵隊のメディア操縦のうまさだ。実際にはこのような発言ではなかったことは後述するが、いかにもマリーンらしい味付けをした見出しがつけられた。これが全世界を駆けめぐり、朝鮮戦争を象徴する一言となった。

戦場での軍事学講義

米第一海兵師団の先頭が停止したのは、長津湖畔《チョンジンホ》の柳潭里《ユウタンリ》というところで、港がある興南から一二五キロあった。柳潭里から下がって、海抜一五〇〇メートルの徳洞峠《トクドン》を越えて下喝隅里、古土里《コトリ》と続き、海抜一三〇〇メートルの黄草峠《ファンソ》を一気に下って真興里《シンフンリ》で平野部に出て、興南にいたる。まったくの山中の一本道、軍事用語では長隘路《ちょうあいろ》と言う。全経路に積雪があり、昼間でも零下二〇度以下になる。そこを二万五〇〇〇人以上が一本の棒になって後退する。

日本に引き写してみるとこうなる。先頭が岐阜県の高山、ここから安房峠《あぼう》を越えて松本盆地に出る。そこから大糸線《おおいと》沿いに大町、白馬と北上して糸魚川《いといがわ》で日本海に出るというルートだ。厳冬期に、一個師団の大縦隊《だいじゅうたい》がこの経路を行軍するだけでも大仕事だ。道路は凍結し、車両はスリップする。それだけでも大きな事故につながる。まして両側の山には敵が待ち構え、攻撃してくるのだから、大変どころの騒ぎではない。

記者団から、この作戦は「リタイアメント（後退）か、リトリート（退却）か」と質問されたオリバー・スミス師団長は、こう答えた。

「退却とは、敵に強要されて友軍の保持している後方に向かって移動するものであるが、師団の後方も敵に保持されている。また敵の撃破もわが師団の任務の一つである」

「したがって、われわれは退却するのではなく、ただ別の方向に対して攻撃を加えようとしているのである」

これは記者会見の質疑応答というよりも、軍事学の講義というべきだ。オリバー・スミスは、若いころから風変わりなマリーンとして知られていた。物静かで、興奮の色を見せたことがない。それが、アメリカ海兵隊では珍しかったのだろう。当時五七歳、軍人というよりは大学教授がピタリとくる風貌だった。それが雪の戦場で記者団にレクチャーする、まさに適任だ。

当たり前のこと

米第一海兵師団は一二月一日から後退を開始し、一一日間かけて中国軍の包囲を突破し、興南にいたり、海路で撤退した。アメリカ側はこの作戦中、約七〇〇〇人の死傷者を出したが、その大半は凍傷患者であり、ほとんどがすぐに部隊に復帰した。一方、一二個師団をもってアメリカ軍を包囲した中国第九集団軍は、死傷者三万八〇〇〇人を出して作戦能力を失った。

中国軍の戦術の拙劣《せつれつ》さや冬季装備の貧弱さに助けられて、米海兵隊の後退作戦が成功した面はある。また、米海軍や海兵隊の航空機による支援があったからとも言われる。しかし、細かく戦史を見れば、ただそれだけではない。やはり厳しい訓練を経てきたマリーンの誇り、団結心、忠誠心の果たした役割が大きい。「すべての海兵隊員はライフルマン」という鉄則があり、砲兵、通信兵はもちろん、タイピストまでが小銃を手にして戦うことに躊躇《ちゅうちょ》しない。

こういった海兵隊員としての誇りや伝統を精神的な支柱として、上級指揮官は、敵の可能行動を的確に判断し、先手先手の指揮を行なった。下級指揮官は、みずから先頭に立って逆襲し、部下を叱咤《しった》した。兵士は、休止すると必ず壕を掘り、射撃準備をして警戒員を配置し、鉄条網を張り、小銃の手入れをしてから休息した。戦場では当たり前のことである。しかし、これほど困難な状況下では、当たり前のことが当たり前のこととしてできるかどうかが問題なのだ。

スミス師団長の言葉は、自分の部隊に絶対の自信がなければ口にできないものであり、マリーンの心情を的確にとらえての真情の吐露であった。これを伝え聞いた将兵は、「ボスはよくぞ言ってくれた、やってやろうじゃないか」と奮いたち、後退作戦を成功に導いたのである。

私が人民解放軍・八路軍副司令官であったとき、貴下は抗日東北連軍の師長にすぎなかったではないか。

一九五〇年一〇月下旬／援朝志願軍総司令

彭徳懐《ほうとくかい》元帥

一九五〇年九月の仁川《インチョン》上陸作戦以降、北朝鮮軍は総崩れとなり、金日成《キムイルソン》は一〇月一日、中国政府に援軍を要請した。事態はさらに悪化し、同月一五日には副首相兼外相の朴憲永《パクホニョン》と作戦局長の兪成哲《ユソンチョル》を北京《ペキン》に派遣して、重ねて支援を求めた。すでに方針を決定していた北京政府は、一八日夜に支援決定を特使に伝え、翌一九日に中国軍は鴨《アン》緑江《ノッカン》を越えた。二人の特使は、平壌《ピョンヤン》の北方の徳川《トクチョン》で金日成に吉報を伝えた。金日成は涙を流さんばかりに喜んだという。

平安北道大楡洞《テユドン》に前線司令部を設けた彭徳懐《ほうとくかい》は、そこで金日成と会談したが、その第一声は驚くべきものであった。「これは私とマッカーサーの戦争であり、貴下が口出しする余地はない」。不満顔の金日成に、彭徳懐は頭書のように発言して、格も経験も違うのだぞと凄んでみせたのである。

中国軍介入

北朝鮮が朝鮮戦争を始めるにあたって、中国はソ連とともに同意し、万一の場合、人民解放軍の派遣も約束していた。ところが金日成は、中国に作戦計画を伝えないし、後方を重視せよとの毛沢東《もうたくとう》の忠告も無視する。このため中国に不満が生じていた。

しかし、七月には東北辺防軍《とうほくへんぼうぐん》を編成して中朝国境の守備を固め、参戦の準備を進めていた。そこに北朝鮮とソ連から部隊派遣の要請が飛びこんできた。一〇月四日、政治局拡大会議で討議されたが、派遣賛成の毛沢東は少数派であった。建国して二年の今は国内建設を優先すべきだ、ソ連から軍事援助が得られるのか、アメリカ軍に対抗できるのか。懸念材料は山積していた。

そこで毛沢東は、西北《せいほく》軍政委員会主席の彭徳懐を呼び、翌日の会議で発言するよう求めた。彭徳懐は端的に次のように述べた。「朝鮮救援に出兵するのは必要なことだ。そこでの戦争が長引いたとしても、解放戦争の勝利が数年遅れたと思えばよい。もしアメリカ軍が鴨緑江岸と台湾に張りついたままだと、中国への侵略戦争を引き起こすために、いつでも勝手な口実を設けるであろう」。人民解放軍「十大元帥」の一人で、朱徳《しゅとく》に次ぐナンバー2の発言は重い。こうして軍事介入が決定し、総司令に彭徳懐が任命された。

ソ連から軍事援助をどう引き出すかは別として、ここで大きな問題は、北朝鮮に対していかに強い態度で臨むかであった。支援する大国としては当然のことであり、しかもうさん臭い経歴の金日成を信頼しきれなかったからであろう。そこでまず北京に派遣された二人の特使から、北朝鮮軍の指揮権を奪った。次に彭徳懐が金日成に一喝《いっかつ》を食らわせたのである。

金日成は、抗日東北連軍の師長（師団長）だったといっても、部下は二〇〇人ほどで、実質は大隊長以下といったところ。ソ連に逃げこんでからは、第八八独立狙撃旅団第一大隊長。彭徳懐との格の違いは明らかで、二の句が継げるはずもない。

中朝連合司令部の副司令官には、毛沢東の親書のとおり、内務相で延安《えんあん》派の朴一禹《パクイルウ》が任命された。こうして金日成は主導権を失い、休戦まで朝鮮人民軍は脇役に甘んじることとなった。しかし、中国人は外交が巧妙で、金日成をまったく無視することはなく、そのメンツを保たせた。朝鮮半島に展開した中国軍も厳格な規律を保持して、北朝鮮の立場を尊重した。

その後の二人

朝鮮戦争は、中国軍が介入したのちも二年一〇カ月も続き、中国軍は膨大な人的被害を被《こうむ》りつつ、なんとか引き分けに持ちこんだ。すべては金日成の野望と無知蒙昧《もうまい》から始まったことであり、彭徳懐の指揮する中国軍が、その後始末を負わされたのだ。だが戦後の二人の運命は、なんとも皮肉なものであった。

彭徳懐は、休戦の翌年の一九五四年に国務院副総理、次いで国防部長、党政治局員となり、朝鮮戦争の教訓から軍の近代化に努めた。だが大躍進政策で毛沢東と対立し、五九年に国防部長を解任され、続いてすべての職務を解かれて監禁され、七四年に失意の死を遂げた。

一方の金日成だが、絶対君主のまま一九九四年に死去した。朝鮮戦争での戦争指導の失敗、人的・経済的な損失の責任のすべては金日成自身にあることは明白である。にもかかわらず、その責任を政敵ばかりか同僚になすりつけて次々と粛清し、一九六〇年代前半までに完璧とも言える独裁体制を固めた。そして社会主義体制での権力世襲という、奇妙なことまで実現してしまった。政治的には彭徳懐より金日成のほうが一枚上であったのだろうが、何とも割り切れない思いがする。

腹を切りたければ、戦が終わってからゆっくりやってくれ。

昭和一八年（一九四三）一〇月九日／第二〇歩兵団長

中井《なかい》増太郎《ますたろう》少将

昭和一八年九月初旬、東部ニューギニアのラエ付近にオーストラリア軍二個師団が進出してきた。日本軍の第一八軍が、東西に分断される危機が迫った。ラエの南方、サラモアで激闘を続けていた第五一師団は、退路を断たれたためサラワケット山脈を縦断する後退を始めた。第一八軍の根拠地であるマダンからラエにいたる道路の建設に従事していた第二〇師団は、歩兵団長の中井《なかい》増太《ますた》郎《ろう》少将が指揮する支隊を編成し、第五一師団の後退を掩護《えんご》することになった。

マダンから南下し、フェニステル山系を越える分水嶺が「歓喜《かんき》嶺《れい》」である。ここで敵を阻止するために、歩兵大隊一個が配置された。中井少将は折よく移動中の砲兵中隊と出会い、その中隊長の大畠正彦《おおはたまさひこ》大尉に頭を下げて頼み、歓喜嶺に布陣させる大隊の火力支援を要請した。その後、現地偵察のさい、中井少将が大畠大尉に語ったのが、この一言であった。

自決禁止命令

旧陸軍の『砲兵操典《そうてん》』には、砲兵の本領として「火砲は砲兵の生命である。ゆえに砲兵は必ず之《これ》と死生栄辱《しせいえいじょく》を供にすべし」とあった。旧軍の歩兵と騎兵には団結の象徴として軍旗（連隊旗）があったが、砲兵にはこれがなく、その代わりが大砲そのものであった。そのため「砲のそばこそわが墓」となる。現に同じ野砲兵第二六連隊においても、崖に上げられなくなった山砲のわきで大畠大尉の同期生の中隊長が自決しているのだ。

中井少将は階級を超えて、「おれも必死なのだ」と衷情《ちゅうじょう》を披瀝《ひれき》し、大畠大尉に協力を求めた。「敵は砲兵火力にはきわめて鋭敏だから、歩兵による戦闘の最後まで協力できるように健闘してほしい」と要請し、重ねて「こんどの戦いは長くかかる。命を大切にせよ。砲は兵器であるが、物である。物は造れば補充できる。だが、人は最低二〇年かかる。砲を失ったとき、責任者にいちいち腹を切られたのでは補充がきかぬ」

と語って、この自決禁止命令となった。

大畠大尉は快諾した。「砲兵は砲一門一〇〇発をもって翌九日、歓喜嶺に前進し、一〇日に陣地占領し、射撃準備を完了します」。しかし、弾薬の使用量については見解を異にしていた。中井支隊長は、三〇〇発を事前に集積し、以後は毎日一〇発を補充するとした。大畠大尉は、それでは砲兵の戦《いくさ》にならない、決戦が始まるまでに各砲宛一五〇〇発ずつ合計三〇〇〇発を集積しておいて、それから毎日二〇発は撃てるような補給を求めた。

三〇〇〇発と聞いて、中井少将は目をむいた。車が通れる道路はないから、とても無理な注文だ。しかし、大畠中隊長は人頼みではなく、自力で弾薬を運搬するという。自動車道の端まで運んでくれれば、中隊を動員して約三〇キロを人力だけで担送するというのだ。砲兵がそこまでやってくれるのかと中井少将は感激し、所要の手配を整えた。一発六キロの弾薬を二発背負って山道を三〇キロ歩む。一日で一〇〇発、五日連続の重労働で五〇〇発を集積して戦闘が始まった。山砲の陣地は、掩蓋《えんがい》をかぶせて爆撃に備える準備も整っていた。

山砲二門対野砲二七門

砲兵一個中隊といっても、口径七五ミリの山砲二門のみ、その射程は八キロ前後だ。

押し寄せてくるオーストラリア軍第七師団の砲兵連隊は、口径八八ミリの二五ポンド砲二七門を装備し、その最大射程は一二キロに達する。弾薬も豊富だ。いくらこちらが高い位置にいるとはいえ、どれほどのことができるものなのか。歩兵は一個大隊しかいないのだ。しかし、やってのけたのである。

昭和一八年一〇月一八日、朝日を背にした歓喜嶺の観測点からは、稜線《りようせん》の道を一列で蟻《あり》のように這い登ってくる敵がはっきりと見えた。すぐさま必殺の砲撃を浴びせた。射撃の効果が手にとるように見えた。敵の砲兵も応射を始めたが、すべて陣地の後方に弾着して損害は皆無だった。

一個大隊対一個師団、二門の山砲対二七門の野砲の決闘が続いた。果敢にも日本軍は、山砲二門だけで一個師団に火力による戦闘を挑んだのだ。以来、なんと三カ月半、ここ歓喜嶺でオーストラリア軍を阻止したのであった。砲兵中隊はこの間、大畠大尉のほぼ見積もりどおり、四二六〇発の砲弾を使用した。その一発、一発を背負って運んだのだから驚くべきことだった。

この歓喜嶺の戦闘は、中井増太郎少将の柔軟な作戦指導と、大畠正彦中隊長の現地の戦況に応じた指揮によって、ニューギニア戦における数少ない日本軍会心の一戦と記録されている。

飛行長、湊川だよ。

昭和二〇年（一九四五）三月二一日／攻撃第七一一飛行隊長

野《の》中五《なかご》郎《ろう》少佐

出撃する第1神雷攻撃隊

この日、第一神雷《しんらい》攻撃隊は野《の》中五《なかご》郎《ろう》少佐指揮の下、鹿児島県の鹿屋《かのや》基地を発進した。一式《いつしき》陸上攻撃機一八機、うち一五機は特攻兵器〈桜花《おうか》〉を抱いている。出撃時、上級部隊の第七二一航空隊の飛行長、岩城《いわき》邦広《くにひろ》少佐に野中少佐がふともらした一言である。「たどり着けねえ湊川《みなとがわ》よ」のほうがいかにも野中らしいということで、こちらのほうが広まっているようだが、どちらが正しいか確かめるすべはない。承知のように、この「湊川」は、建武《けんむ》三年（一三三六）五月、敗北を覚悟して出陣した楠木正成《くすのきまさしげ》が戦死した兵庫県の古戦場である。

第七二一航空隊、通称神雷部隊は『同期の桜』が歌われはじめた部隊ではないかとされ、特攻よりもそのほうで有名になった。また、野中五郎も海軍の部内で広く知られていた存在だった。なぜ少佐の彼が、超有名人になったかといえば、悲しい歴史がある。

二・二六事件の影

野中五郎少佐の部隊は、異色とか風変わりといったものからも、大きくはずれていた。その指揮所には「南無《なむ》八幡大菩薩《はちまんだいぼさつ》」と、楠木正成の旗印「非理法権天《ひりほうけんてん》」の幟《のぼり》がはためいている。部隊の看板は「野中一家屯所《とんしょ》」。陣太鼓が据えられ、何かあると打ち鳴らす。会話も常識はずれで、隊長は「親分」、攻撃は「殴り込み」。自己紹介は、「野中というケチな野郎でござんす、以後お見知りおきを」。映画の撮影かと勘違いする人が出るのも不思議ではない。

飛行機乗りには妙に甘いところがある海軍でも、これは何だと怒る人もいる。すると野中五郎は、「手前、出世しねえことでは有名で……」と出る。すると相手も、「あーおまえか、海軍一、進級の遅い男は」と納得してしまう。腕は確かで、それで出世放棄ならば怖いものはなく、したい放題のやりたい放題。どうしてこうなってしまったのか。彼の実兄は二・二六事件の首魁《しゅかい》、陸相官邸で自決した野中四郎《のなかしろう》大尉だったのである。

野中兄弟の父親は、陸軍少将で予備役となった野中勝明《のなかかつあき》で、厳格な人だったそうだ。兄の四郎はまさに将官の子弟で真面目一徹、彼が決起したと聞いて誰も信じなかったという。だからこそ決起将校の先任者として責任をとり、自決したのだろう。ところが弟、五郎はこの無軌道さである。しかし、底に流れるものは同じだとの感はある。

〈桜花〉特攻

敵艦の防御砲火の外で投下し、火薬ロケットで加速させて滑空し突入する特攻兵器が〈桜花〉である。投下母機は帰還し、何度でも攻撃できる。時速一〇〇〇キロ近くまで加速するから、敵戦闘機も対応できない。頭部には一・二トンの爆薬が充塡《じゅうてん》されており、一撃轟沈《ごうちん》も夢ではない。

戦局は逼迫《ひっぱく》しており、いいことずくめではないかと海軍当局はこれに飛びついた。しかし、問題は山積していた。それをまず指摘したのが野中五郎少佐であった。実物を一目見た野中は、いかにも彼らしく「こんな軽業《かるわざ》みたいなもん、兵器じゃねえ」とか「この槍、使いがたし」とそっぽを向いたという。ほかの人がこんなことを言ったら大変だが、野中なら苦笑いするしかない。

〈桜花〉の重量は約二トン、これを一式陸上攻撃機の胴体下に吊りさげる。そもそも爆弾搭載量八〇〇キロで設計された機体なのだから、無理な話だ。飛べるには飛べるが、性能は極端に低下し、これで敵戦闘機をかわすことができるのか、母機もろともやられるのではないかと危ぶまれた。どうしてもやるというならば、単機もしくは少数機で、敵の防備が手薄となる黎明時《れいめいじ》か薄暮時《はくぼじ》を狙ってやるしかないとの結論に達していた。

昭和二〇年三月一八日から二一日にかけて、米空母機動部隊は日本本土を空襲した。沖縄上陸に備えての本土無力化作戦である。日本軍も反撃し、空母〈フランクリン〉撃破などかなりの戦果を収めた。さらに追い打ちをかけることになり、神雷部隊の出撃となった。それも飛行隊全機一八機、鹿屋を午前一一時過ぎに離陸の白昼攻撃である。護衛の戦闘機は五五機発進したが、戦場まで掩護《えんご》したのは三〇機だったという。

自分の意見をまったく無視された野中五郎隊長であったが、やはり彼も海軍の軍人であった。標題の一言を残し、編隊を率いて飛びたっていった。彼は常々、「部下が肉弾となって敵艦に突入するんだ。自分たちだけ帰ってこられるか」と語っていたが、そのとおりとなった。第一神雷攻撃隊全機未帰還、〈桜花〉搭乗員を含めて一五〇人戦死。

こんど生まれ変わったら、たとえ蛆虫《うじむし》になろうとも、国を愛する忠誠心だけは失わないようにしよう。

昭和二〇年（一九四五）三月二六日／第八飛行師団武克隊

廣森達郎《ひろもりたつろう》中尉

フィリピンを足場として侵攻してくる敵に対し、航空戦力を集中的に投入して攻撃し、これを洋上に撃滅するという構想が「天号《てんごう》航空作戦」である。そのうち沖縄を含む南西諸島方面の作戦は「天一号」と区分され、昭和二〇年三月二六日に発動された。特攻による沖縄決戦の始まりである。

ちょうどこの日の夕刻、読谷《よみたん》の北飛行場に九機の九九式襲撃機が着陸した。この九機は、関東軍の第二航空軍から台湾の第八飛行師団に増派された編隊で、給油のため沖縄に立ち寄ったものだった。第三二軍の航空参謀であった神直道《じんなおみち》少佐は、「これはよいところに来た、敵艦船への特攻をしてもらえないか」ともちかけた。廣森達郎《ひろもりたつろう》中尉は言下に「やりましょう」と答え、明早朝の攻撃命令をよどみなく復唱した。

そして部下八人に向かって、「いよいよ明日は特攻だ。いつものようにおれについて来い。だが次のことだけは皆と約束したい」と語りだし、この言葉を続けた。強気で知られた神直道参謀も、これには思わず泣いたという。神直道少佐は五月末、命令によって沖縄を脱出して生還し得たため、この話が伝えられることとなった。

混乱した航空決戦構想

「天号航空作戦」の構想そのものは妥当性があり、それしか方策がないのが現実であった。これを成功させるためには、九州、台湾、中国沿岸、さらに南西諸島、とりわけ沖縄本島の航空基地がどうしても必要であった。しかし、航空戦力の展開が思うようにいかず、特攻機などの沖縄配備は遅れがちであった。軍の航空参謀が、わずか九機の襲撃機に目の色を変えて飛行場に駆けつけたことからも、当時の沖縄の状況がわかる。

敵侵攻の矢面に立つ沖縄本島の第三二軍は、昭和一九年一一月に一個師団を抽出され、しかもその代わりとなる師団の増援も中止された。戦力の不足や地形的な問題から、嘉手納《かでな》の北・中飛行場の防備を固めることはできなくなっていた。長射程の砲撃をもって敵が飛行場を使用することを妨害するにとどまり、軍の主力は本島南部の島《しま》尻《じり》に配備することとした。

事実上、最初から飛行場を放棄したのと同じこの第三二軍の作戦構想は、上級部隊である台湾の第一〇方面軍や大本営《だいほんえい》とのあいだで軋轢《あつれき》を生んだ。さらには海軍との協同にも悪い影響を及ぼした。こうして、必勝の航空作戦の構想そのものが統一されないまま沖縄決戦に突入し、軍のみならず一般住民にも多大な犠牲を強いた地上戦へとつながっていく。

「若桜」の散り方

そもそも廣森達郎中尉が率いる九機は、特攻隊ではなく、命令で台湾へ移動中の部隊であった。それに個人的なかたちで特攻を頼みこむ参謀がいて、またそれを快諾する人がいる。戦局はそこまで逼迫《ひっぱく》していたのだ。

廣森中尉以下全員、特攻の訓練を受けたことはなく、どう敵艦に突入するか戦法を知らない。そこで神参謀から、爆弾の搭載や目標への飛行の要領、突入の箇所を、まさに一夜漬けで教わった。そして九機の九九式襲撃機は、三月二七日の黎明時に読谷の北飛行場を離陸した。廣森中尉が指揮する編隊は、首里《しゅり》の上空をかすめるように飛び、第三二軍司令部に翼を振って別れを告げた。牛島満《うしじまみつる》軍司令官ら司令部要員も手を振って送ったという。

米第一〇軍による上陸作戦が始まったばかりの慶良間《けらま》列島方向に突進して、敵艦船群に突入し、全員が国難に殉じた。戦果の詳細が明らかでないのは残念である。この特攻は、天号作戦中、沖縄本島発進の最初で最後となったもので、また衆人環視のもとで行なわれた珍しいケースであった。沖縄本島に対する上陸準備の砲爆撃が始まっているなかでの特攻は、陸上部隊の将兵の溜飲を下げるとともに、大いに士気を鼓舞《こぶ》したことであろう。

廣森達郎中尉は陸軍士官学校五六期生で、享年二一歳。当時の航空機搭乗員は、今は特攻隊員でなくとも、いずれはそうなって散るのだという意識は普通のことであったろう。またどんな立場でも、戦争をしている軍人ならば死と直面していることは間違いない。しかし、突然に数時間後の確実な死を突きつけられたとき、躊躇《ちゆうちよ》なく、すぐさま悠然と受け入れるとは、信じがたい精神力だ。崇高な使命感と士気がなければできることではない。

もちろん玉砕攻撃である。我輩も最後には軍刀を振るって突撃する考えである。

昭和二〇年（一九四五）五月／第三二軍司令官

牛島満《うしじまみつる》 中将

昭和二〇年五月四日、沖縄本島にある第三二軍は総攻撃に出た。大本営《だいほんえい》や上級部隊の第一〇方面軍の干渉を受け、他動的に決定され実行に移された攻撃であった。第三二軍司令部のなかでも、八原博通《やはらひろみち》高級参謀は徹底した出血持久《しゅっけつじきゅう》作戦、すなわち防勢に徹して、敵に人的損害を与えて時間を稼ぐ構想を主張し、敵と正面からぶつかる本格的な攻勢には強く反対していた。

ところが長勇《ちょういさむ》参謀長から、「きみと僕とは、つねに難局にばかり差し向けられてきた。そして、とうとうこの沖縄で最後の関頭《かんとう》に立たされてしまった。きみにも幾多の考えがあるだろうが、一緒に死のう。どうかこんどの攻勢には快く同意してくれ」と言われた八原大佐は、情にほだされて総攻撃に同意した。複雑な思いで立案した作戦計画を、浮かぬ顔で提出する八原大佐に、牛島満《うしじまみつる》軍司令官は、「すでに決定された攻撃の気勢を殺《そ》ぐような態度をするな」と叱責した。それでもなお出血持久作戦にこだわる八原大佐は、自殺的攻撃になりかねないと重ねて意見具申《いけんぐしん》をした。それに対する牛島中将の答えがこれであった。

歴史のイフ

その後の史実だが、八原博通大佐が予測したとおり、総攻撃はアメリカ軍の火力に圧倒されて、あっというまに頓挫《とんざ》してしまい、目標に到達しえたのは第二四師団の一個大隊のみという惨状となった。大損害を受けた第三二軍の歩兵戦力は、総攻撃前の五分の二程度までになってしまった。そこまで擦り減った戦力で、六月二三日まで組織的な戦闘を続けたのである。

そこで、あえて歴史にイフを持ちこめば、総攻撃後の日本軍の健闘ぶりからして、第三二軍が徹頭徹尾、出血持久作戦で防御していたならば、終戦のその日にいたるまで沖縄本島の戦線を持ちこたえていたかもしれない。が、それはまた終戦が昭和二〇年八月一五日には訪れていないことを意味するだろうし、広島、長崎のほかにも沖縄を含めて被爆地が増えたかもしれない。

そもそも沖縄の戦いとはなんであったのか。アメリカ軍は、南西諸島の中心地である沖縄に本土侵攻の作戦基盤を進めようと来攻した。日本軍は、戦機をとらえて上陸してくる敵を撃破し、本土決戦準備の時間的余裕を得ることを目的としていた。その激突が沖縄決戦だった。

しかし、昭和一九年一一月に第九師団が台湾に抽出され、しかもその穴埋めはされなかった。このため沖縄本島にある戦力は、約二個師団半となった。これでは侵攻を受けた当初の段階で、部隊を機動的に運用し、戦力を集中して上陸地点で敵を撃破し、追い落とすという構想を変更せざるをえない。

こうして北・中飛行場を最初から放棄した形の部隊配備をとり、敵に出血を強要し、もって可能なかぎり持久するという作戦方針にならざるをえなくなったのだ。それがまた、上級部隊の求めに応じてやむなく総攻撃に転じたというところに、第三二軍の悲劇があったのである。

合理性で割りきれない戦場統率

第三二軍は、四月から六月にかけて約三カ月間にわたって戦線を維持してアメリカ軍を拘束しつづけ、本土決戦準備に貢献したことは、八原博通高級参謀が立案した作戦の成果であった。だとすると、牛島満軍司令官と長勇参謀長の総攻撃論は、結果から見れば誤った方向に導いてしまったことになる。おそらく、この二人には冷静で論理的な判断とはまた別の、机上の論理を超えた何かがあったと言えるのではないだろうか。

参謀長の長勇中将は、「桜会《さくらかい》」によるクーデター未遂など、多くの逸話を残す豪傑肌の人とされ、沖縄戦では八原構想に終始不満で、攻勢にこだわっていた。彼の希望的観測が、時として妄想になっていくさまはよく語られている。いずれにせよ、長参謀長の誠《まこと》を尽くしての懇請が、理性に徹した八原高級参謀を動かしたのである。

牛島満中将はいっさいを参謀長以下にまかせ、淡々と落ち着いた風格のある態度で終始したという。持論を曲げないため、波風を起こしがちだった八原大佐を叱責したのも、このときだけであった。受け身になって苦しく地味な防御戦闘が続くとき、参謀長以下ほとんどが攻勢を支持しているのに、その意気を殺ぎ、気勢をくじくことをたしなめたのだ。勇猛に沸きあがる軍全体の雰囲気を、さらなる戦闘遂行への力にするといった気持ちから発せられた一言であったと理解したい。戦場の統率・統御とは、合理性や論理性だけでは割りきれない「情」「悟」の部分もあるようだ。

第4部

戦略と思想

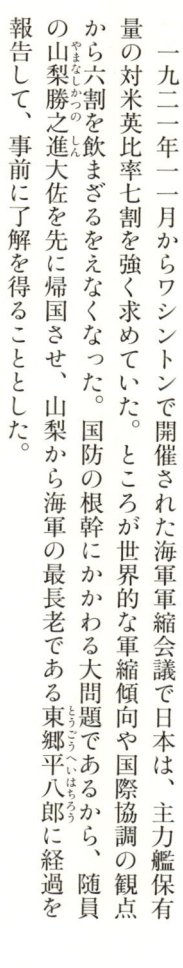

たとえ軍備に制限は加えられても、訓練に制限はないのでしょ。

大正一一年（一九二二）一月

東郷《とうごう》平八郎《へいはちろう》元帥

一九二一年一一月からワシントンで開催された海軍軍縮会議で日本は、主力艦保有量の対米英比率七割を強く求めていた。ところが世界的な軍縮傾向や国際協調の観点から六割を飲まざるをえなくなった。国防の根幹にかかわる大問題であるから、随員の山梨《やまなし》勝之《かつの》進《しん》大佐を先に帰国させ、山梨から海軍の最長老である東郷《とうごう》平八郎《へいはちろう》に経過を報告して、事前に了解を得ることとした。

東郷平八郎という人は、幕末の弘化四年、薩摩に生まれたとはとても思えないほど温厚で、声を荒らげることはめったになかったという。このときも山梨大佐の報告に黙って耳を傾け、最後にポツリと口にしたのがこの一言。以後、「訓練第一」が帝国海軍の不動の方針となった。

「月月火水木金金」の始まり

ワシントン会議に続く補助艦艇の保有量を決めるロンドン会議でも、重巡洋艦の対米比率七割を得られず、六九・七五パーセントを飲まされた。これが政争の具となり、政局が不安定になるなど大問題に発展した。なぜこの七割が死活的な問題なのかと言えば、海戦の方程式がからんでいる。

海戦を計量的に扱うさまざまな方程式や公式があるが、基本的には動的戦力は静的兵力の二乗に比例するというものに行きつく。静的な比率の一〇対七、一〇対六は、実際に戦闘を交える動的戦力にすると一〇〇対四九、一〇〇対三六となる。三分の一まで格差が広がると、次のような予測が成り立つ。砲撃戦を交えていると、一定時間後に劣勢側は全滅となり、一方、優勢側は当初の戦力の八割を保持しているのだそうだ。これでは戦争にならない。

では、六割を飲まされた日本海軍は、どこに活路を見出すか。ここでまた方程式だ。戦闘力は、艦艇の船腹量《せんぷくりょう》や火砲の門数など有形的要素と、士気や伝統、戦術や運用能力などの術力といった無形的要素を二乗したものとの積だとする。無形的要素を強化するものは、おもに訓練である。極端な話、「一〇」持つ敵が相手でも、敵より二倍の訓練をすれば、こちらは「五」でも対等だという計算になる。その点を指摘し、しおれきった山梨大佐を激励したのが東郷平八郎元帥の言葉であった。

猛訓練をするといっても、一週間に八日はできない。そこで土曜日の半ドンと日曜日をなくす。これで日数のうえでは約一・三倍を稼げて、これを二乗すれば約一・七倍の無形的要素の優勢を確保できる。これで一〇〇対三六が一〇〇対六〇ほどになり、全滅という惨敗は避けられる計算となる。まったくの机上論だが、「月月火水木金金」はたんなる歌の文句ではなく、それなりの理論的かつ計量的な考え方に裏付けられていたのである。

海軍の訓練となれば、まず問題となるのは使用できる燃料の量だ。資源小国日本は、大正から昭和初頭まで毎年、艦艇に供給していた訓練用の燃料は、各艦八ノットで二〇昼夜分だった。これを五〇昼夜分として、ようやく対米英戦に自信を持てる練度となった。ちなみに米海軍は、平時において七〇昼夜分の燃料を訓練用に供給していたとされる。

将来、日本軍の体質を根本的に改善し、
列国同様、近代戦に応じる戦法および兵力、
編制装備を採らないかぎり、
国軍はたちまち落伍するであろう。

大正一二年（一九二三）／野砲兵学校研究部主事
小林《こばやし》順一郎《じゅんいちろう》中佐

大正一二年から一三年にかけて、参謀本部において師団レベル以上向けの基本的な教範『戦闘綱要』案の審議が行なわれた。第一次世界大戦の戦訓を取り入れ、新しい教義を確立しようということだった。陸軍大学校、陸軍省、教育総監部、各実施学校から出席した委員のなかに、小林《こばやし》順一郎《じゅんいちろう》中佐がいた。彼は、この『戦闘綱要』では近代戦に対応できないとして痛烈に論じた。

彼の発言は大方の出席者の反発を招いた。なかでも山梨半造《やまなしはんぞう》陸相は、机を叩いて反論したという。しかし、小林は中佐ながらたじろがず、堂々と持論を展開した。結局は大正一三年二月、小林が軍を去ることで、この論争は幕を閉じ、旧態依然のドクトリンが陸軍に残った。

排斥された正論

小林順一郎は、陸士一三期生、砲工学校を優等で卒業し、三年間フランスに駐在して帰国、野戦砲兵射撃学校の教官として、砲兵の近代化に尽力した。大正五年、彼は再度フランスに渡って西部戦線で従軍している。なお夫人はフランス人だった。

第一次世界大戦後、フランス軍は砲兵部隊の改編案を審議する委員会を組織したが、「フランス軍の秘密がもれることより、小林少佐の叡知《えいち》を借りるほうがわが軍にとって利益となる」と、彼を委員会の一員に招いた。観測所を設け、砲にはパノラマ眼鏡を装備することによって、砲の位置からは直接見えない目標を砲撃する間接照準射撃法を日本に普及させたのも彼である。

小林順一郎が主張する第一次世界大戦の教訓をもとにした軍近代化に対して、二つの意見があった。一つは、基本的には反対ではないが、すぐに入手できないにしろ、新型の兵器を導入すれば、軍はいつでも近代化できるというものであった。大勢を占めた反対意見は、小林の見解は精神的な要素を軽視した敗戦主義であり、あまりに物力にかたより、軍の士気を損なうものだというものであった。

当時、第一五師団長だった田中国重《たなかくにしげ》中将は「わが陸軍部内および国民に小林順一郎式の亜流を学ばんとする者輩出するにおいては、わが陸軍に亀裂を生じ、従来の精兵主義は一転して器械万能となり、わが陸軍の精華を毀《やぶ》くに至るべし」とまで非難した。

三六倶楽部を主宰

軍首脳部に忌避されて野に下った小林順一郎は、なおも執筆や講演活動を通じて陸軍の根本的な近代化を図ろうとした。第一次世界大戦前、列強陸軍と帝国陸軍は大差なかったが、五年にわたる戦争で、甚大な犠牲をともなう実戦という実験を重ねた列強陸軍は進歩を遂げて、戦前とはまったく違う近代軍になったと強調した。これを彼は、「ヨーロッパの軍隊は、戦前の軍隊にたんに新兵器をつけたものではない。石油ランプの付属品が変わったのではなく、電気灯に変わった」と説いた。

当時、このような軍事の質的変化を実感できた軍人は稀であった。小林の憂慮が現実になったと理解したのは、太平洋戦争で連合軍が反攻を開始してからであった。

予備役に編入された小林順一郎は、フランスのシュナイダー社の日本代表となり、それで得た資金で在郷軍人の啓蒙を図る三六倶楽部を立ち上げた。この政治活動の輪は広がり、大政翼賛会の総務も務めることとなった。これらの政治活動から終戦後、小林はA級戦犯容疑者となり巣鴨に収容されたが、昭和二二年八月に釈放されている。

第一に必要なことは、新たなる軍事思想の懐持である。

昭和七年（一九三二）／歩兵学校教官
井上芳佐《いのうえよしすけ》少佐

戦車の登場

早くから機械化の推進論者であった井上芳佐《いのうえよしすけ》少佐は、将校団の親睦団体である偕行《かいこう》社《しゃ》の機関誌に「軍機械化私論」を発表した。そのなかで井上は、第一次世界大戦において陣地線の突破が不可能となり、戦争の長期化をもたらした原因として、「無防備な歩兵」「射撃と機動が融合できない砲兵」「戦場における補給の困難さ」の三点を挙げた。

井上は、この三点を排除しなければ、国防方針で示された「速戦速決」（速戦即決）の道は開けないと述べ、それには「全軍の完全なる装甲機械化」が必要であると論じた。その実現のためには、全般的な施策が求められるとし、「第一に……」の言葉に続く。

近代化の阻害要因

日本陸軍の近代化は、いわゆる「宇垣《うがき》軍縮」によって始まった。大正一四年（一九二五）、戦車部隊は久留米に第一戦車隊が、千葉の歩兵学校教導隊に戦車隊が誕生してスタートを切った。昭和六年九月からの満洲事変、翌年の第一次上海《シャンハイ》事変では、臨時編成ながら戦車部隊が参加している。満洲事変の勃発によって、陸軍は「時局兵備改善案」を提出して、停滞ぎみの軍備近代化が動きだした。井上少佐の提言も、この動きの一つの表われである。

井上少佐は、機械化による軍の近代化を阻害する要因として、心理的障害、経済的障害、技術的障害の三種に区分した。このうち心理的障害については、「保守的傾向と新発見に対する不信と、未完成品をもってする装備の不安」にあると分析している。実際には、機械化そのものにも強い拒絶反応があった。

根本的な問題は、兵科ごとにそれぞれ機械化の施策を考えていたことにあった。騎兵は馬匹《ばひつ》のかわりに車両を求める。歩兵は歩兵砲に随伴する車両を求める。砲兵は野戦砲の自動車牽引《けんいん》を、さらに自走化を目指す。これでは、それまでの戦術の延長線上で機械化を図ることにすぎず、近代化とはほど遠いものとなる。井上芳佐の真の狙いは、「装甲兵団の創設」にあり、だからこそ「新たなる軍事思想の懐持《かいじ》」を強調したのであった。

昭和一一年一一月、戦車学校に勤務していた井上芳佐大佐を団長とする「機動兵団視察団」がヨーロッパに派遣された。イギリス軍は少数の高度な機械化部隊の建設を目指し、ドイツ軍は広範な機械化によって機動性を向上させようとしていた。視察の結果、ドイツに学ぶべきものは、「機械化を推進する中央機関、装甲部隊要員の養成、自動車隊の訓練、自動車工業の振興助成、作戦用自動車道路の建設」とした。

日本がどのような方向へ進むにしろ、各兵科が個別に機械化を図るかぎり、軍として統一的な部隊の育成はできない。井上芳佐の理想である装甲兵団建設の第一歩、陸軍に機甲本部が設立されたのは、太平洋戦争開戦の八カ月前、昭和一六年四月のことであった。

明日の戦争準備、はたして完了しあるや。

昭和一五年（一九四〇）／騎兵監

吉田《よしだ》悳《しん》中将

昭和一四年夏のノモンハン事件は、陸軍に近代戦の現実を知らしめる機会となった。事件後の研究委員会は、「物質威力と精神威力の白熱的衝突」と表現して、将来の戦闘の様相をも予言していた。この年の一〇月、騎兵監に就任した吉田《よしだ》悳《しん》中将は、騎兵は「作戦の遂行は、ほとんど不可能」との危機感を抱き、次々と上申書を提出して「機動兵団」の設立を訴えた。それらの上申の内容を端的に示しているのが、この問いかけであった。

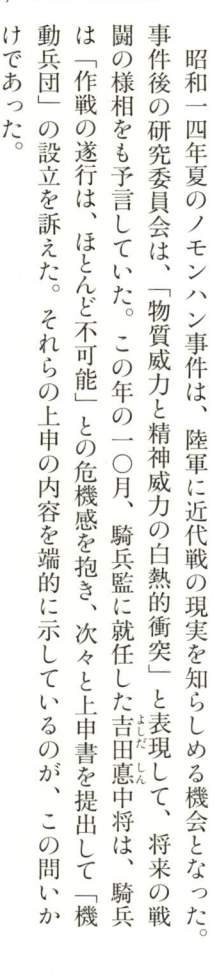

騎兵を全廃した騎兵監

ノモンハン事件当時、吉田悳中将は関東軍の騎兵集団長であり、蒙疆《もうきょう》国境の警備に当たっていた。隷下《れいか》の四〇〇〇頭にもなる馬匹《ばひつ》の糧秣《りょうまつ》の輸送、給水の手段がないため、一時的に乗馬での機動をやめて、兵站《へいたん》用の自動車に乗車しなければならなかった。馬から降りて自動車に乗った騎兵は、乗車のあいだは「戦闘力皆無」に等しく、「敵艦隊に出会《しゅっかい》せる輸送船団」のような危険にさらされた。この体験から吉田は、現在の編制・装備では、極東ソ連軍の機甲部隊を相手に任務が遂行できないと認識したのであった。

そこに追い風が吹いた。昭和一四年九月、ナチス・ドイツ軍はポーランドに侵攻した。ドイツ機械化部隊を迎え撃ったポーランド軍騎兵部隊は壊滅的な打撃を被《こうむ》った。騎兵の限界が歴然としたのである。さらに昭和一五年五月、ドイツ軍機甲部隊による西方《せいほう》電撃戦によって、パリは六週間で陥落してしまった。機甲部隊の威力が戦場で証明されたのである。

昭和一六年一月、吉田騎兵監による四度目の上申書には、改革の実行案が記されていた。それには、「予算並びに資材の関係において一切の累《るい》を及ぼすことなく、敢《あ》えて乗馬七六中隊を放擲《ほうてき》して、もって自力更生《じりきこうせい》を図り、真に国軍戦力の向上に寄与するに足る機動部隊を建設」するとあり、陸軍の保有する戦車、装甲車を統合して、新たに機甲兵を創設することを建言したのである。騎兵科のトップにある人が、騎兵を全廃させたのだった。

この熱意によって昭和一六年四月に機甲本部が発足し、初代本部長となった吉田中将は次々と戦車部隊を創設していった。昭和一七年八月、戦車師団二個を基幹とする機甲軍が編成され、この初代司令官も吉田である。そして同年一二月までに、日本の戦車戦力は戦車師団三個基幹、戦車連隊二二個にまで成長した。戦車の質と量が足らないため、ついに機甲部隊として運用できるまでにはいたらなかったものの、吉田中将の言行は、改革にあたっての熱意、とりわけみずからの権限と責任において自己改革することの重要性を示している。

なお、本土決戦に備えて展開した戦車部隊だが、戦車師団二個、独立戦車旅団七個、方面軍や軍直轄の戦車連隊七個、合計戦車連隊二六個、戦車約一五〇〇両と記録されている。

とにかく、天皇機関説排撃、国体明徴などと、あまり区々たることに騒ぎまわるのはよろしくない。

昭和一〇年（一九三五）一〇月三日／教育総監

渡辺錠太郎《わたなべじょうたろう》大将

軍人勅諭《ぐんじんちょくゆ》にもあるように、「世論に惑わされず、政治にかかわらず」が帝国陸海軍の軍人の本分だ。しかし、軍人も社会の一員だから、建前のようにはいかないのはしかたがない。それにしても昭和九年から一〇年にかけての天皇機関説《てんのうきかんせつ》をめぐる論争では、軍人も常軌を逸していた。

文学博士とまで言われた博識の渡辺錠太郎《わたなべじょうたろう》は、生半可な知識を振りまわす軍人を苦々しく見ていた。そんな折、機会があって名古屋の第三師団の将校を集め、教育総監という立場で行なった訓示の結びがこれであった。この訓示と教育総監就任時のいきさつが重なり、渡辺は昭和一一年の二・二六事件で凶弾に斃《たお》れることとなる。

天皇機関説

天皇機関説の問題とは、主権は国家にあるのか、天皇にあるのか、という純粋に学問的な論争である。美濃部《みのべ》達吉《たつきち》教授が唱える前者の国家主権説すなわち天皇機関説が定説とされていた。騒動のきっかけは、南北朝をめぐる足利尊氏《あしかがたかうじ》の評価だから話は古めかしい。そこに美濃部教授の学説が引用されて、『太平記』の話から現代の問題へと発展した。当時は報道できなかったが、美濃部教授の教え子らが学生にわかりやすいようにと、天皇は国家の機関だから「本富士署の巡査と同じだ」と講義し、これが不敬罪だとして問題が別な方向へと広がった。

陸軍では、この問題をどう理解していたのか。渡辺錠太郎もこの訓示のなかで述べているが、軍人勅諭には「朕《ちん》を頭首と仰ぎ」とあり、頭首であるならば機関であるという解釈だったようだ。また天皇は陸海軍大将の階級をもつ大元帥であるから、上官と部下、命令と服従という関係で律せられていると理解していたという。

渡辺錠太郎は、通算六年ほど山縣有朋《やまがたありとも》の元帥副官を務めている。彼は憲法の解釈を含めて、この問題について元老の山縣から直接教えを受けていた。正しい解釈を伝えなければという義務感から、時流に抗する勇気ある発言となったのである。ところが真意は曲解され、その結果、怪文書の洪水となって、渡辺は暗殺リストに載ることとなってしまった。

将軍、拳銃で応戦す

これに先立つ昭和一〇年七月、教育総監就任のときから惨劇の伏線はあった。前任の教育総監であった真崎甚三郎《まざきじんざぶろう》が、陸相の林銑十郎《はやしせんじゅうろう》、参謀総長の閑院宮載仁《かんいんのみやことひと》と対立し、三長官の合意がないまま真崎は罷免《ひめん》され、火中の栗を拾うかたちで渡辺錠太郎が後任となった。渡辺が陸士同期の林の肩を持つことはあったにせよ、彼はいわゆる皇道派《こうどうは》と統制派《とうせいは》の暗闘に身を投じるようなタイプの人ではない。

しかし、真崎甚三郎のポストを奪って居座ったと見られた。渡辺錠太郎は、第一次世界大戦を現地で見ていたことから軍の近代化に熱心で、陸軍大学校の校長のとき、軍主流と摩擦を起こして旭川の第七師団長に飛ばされたこともあった。「あの西洋かぶれめ」と見られがちだったことも事実であり、「山縣の茶坊主」と陰口を叩かれたこともあっただろう。

こうした背景があって、天皇機関説についてのこの発言である。革新将校を刺激したのはわからないでもないが、殺害するまでの理由にはなるまい。渡辺錠太郎は、愛知県の零細な商人の家に生まれ、貧農の家に養子に出され、小学校卒の学歴だけで陸軍士官学校に進んだ苦学力行の人であった。さらには陸軍大学校の首席をものにしている。農村の疲弊を救うのだと力《りき》む革新将校の尊敬の念を集めこそすれ、殺すなど考えられないことだ。

昭和一一年二月二六日早朝、斎藤実《さいとうまこと》内大臣を殺害した安田優《やすだゆたか》、高橋太郎《たかはしたろう》の両少尉が指揮する一隊は、上荻窪《かみおぎくぼ》の渡辺邸に向かった。事件後の安田少尉の供述によれば、軍の協力一致のため陸相官邸に来てもらうべく渡辺大将を迎えにいったという。また一説によれば、渡辺大将は天皇機関説の本尊だから、最初から襲撃する予定だったともいわれている。

いずれにせよ、都内での襲撃の急報は渡辺邸を警備していた憲兵に届いていた。憲兵は安田少尉を銃撃して、安田は負傷する。血を見て興奮したのか襲撃となり、屋内に突入する。寝室では布団を盾にした渡辺が拳銃で応射した。そこを軽機関銃で撃ち、渡辺は即死。軍人ばなれした学識豊かな人と評されていたが、やはり日露戦争の旅順《りょじゅん》要塞攻略戦に鯖江の歩兵第三六連隊の中隊長として従軍、負傷した勇士らしい最期であった。

今後における陸軍の動向というものは、
私は実に寒心に堪えません。
この点だけが、私の非常に憂慮致し
遺憾に堪えない所であります。

昭和一二年（一九三七）一月二九日／予備役陸軍大将

宇《う》垣一成《がきかずしげ》大将

二・二六事件後に成立した広田弘毅《ひろたこうき》内閣は、一年ももたずに総辞職した。その原因は、陸相の寺内寿一《てらうちひさいち》と議員とのあいだで起きた、「軍を侮辱した」「切腹しろ」といった子供じみた喧嘩だったというから絶句する。軍部を抑えられる人物をという理由から、後任首班に指名されたのが強腕でなる宇《う》垣一成《がきかずしげ》だった。

カミナリ親父来襲の急報に、陸軍は素早く避雷針を立てた。後任陸相に適任者なしと突っぱね、組閣を断念させるという奇策である。宇垣一成は四日も粘ったが、陸軍も譲らなかった。結局、宇垣は断念し、組閣の大命《たいめい》を拝辞《はいじ》するさい、奏上《そうじょう》した言葉がこれである。

『軍国太平記』

広田内閣総辞職の翌日、一月二四日、宇垣一成は伊豆の長岡にいた。至急参内《さんだい》の連絡に横浜止まりの列車で上京し、深夜に車で宮城《きゅうじょう》に向かった。

途中、蒲田《かまた》付近で将校マントを翻《ひるがえ》し、大手を広げて車を止め、乗りこんできた軍人がいた。憲兵司令官の中島今朝吾《なかじまけさご》中将である。中島は、寺内寿一陸相からの伝言として、大命拝辞を求めた。すると宇垣は、「乃公《だいこう》が出れば、また二・二六事件のように軍隊が動くのか」と尋ねた。慌てて中島が否定すると、「よし、それだけ聞いておけばよい」と憲兵司令官でも相手にしない。一四歳の年齢の違いもさることながら、役者が違うのだ。中島はほうほうの体《てい》で品川で車を降りた。これが有名な『軍国太平記』「京浜国道の段」である。

一月二五日に組閣の大命を受けた宇垣一成は、午後に陸相官邸に寺内陸相を訪ね、後任陸相の推挙を求めた。長年、宇垣の恩顧を被《こうむ》ってきた寺内だったが、「拝辞していただきたい」と言うばかりであった。翌日、陸相時代の宇垣を支えた「四天王」の一人、教育総監であった杉山元《すぎやまはじめ》が組閣本部に顔を出して、「若い者が騒いでおりまして……」とグズグズ泣き言を並べる。その日の午後、三長官会議の結果として後任陸相は推挙できないと、寺内自身が伝えてきた。

残るは一本釣りしかない。まず三長官会議で候補に挙がった近衛師団長の香月清司《かづききよし》を口説いたが、彼は大騒動のなかで陸相を引き受けるほどの度胸がある人ではない。全軍を敵にまわす気骨があるといえば、「宇垣四天王」の小磯国昭《こいそくにあき》がいる。宇垣一成は、朝鮮軍司令官であった小磯に電話をして、陸相就任を求めた。しかし、小磯は断わった。二・二六事件後は昔に戻って陸相は現役に限るとしているから、陸相を買って出ても、予備役編入の人事発令一つで実現しないというのが、その理由であった。これで宇垣は、万策尽きて大命拝辞となった。

なぜ宇垣排撃なのか

宇垣内閣阻止の旗を振ったのは、参謀本部第一部長心得の石原莞爾《いしはらかんじ》であった。満洲事変の立役者、二・二六事件の鎮圧者、そして「高度国防国家」提唱者の石原が、その栄光を背景に、「宇垣さんで結構」との意見に傾きつつあった省部(陸軍省と参謀本部)を組閣阻止の方向へ引っ張ったのだ。有為な人を葬った大正軍縮、長州閥の後継者、クーデター未遂の三月事件への関与と宇垣の過去について石原は怪弁を振るい、宇垣内閣が否であることを説いた。

石原莞爾の本心は、林銑十郎《はやしせんじゆうろう》内閣の成立を強く望んでいたためであり、事実そうなった。満洲事変当時、朝鮮軍司令官で独断越境した林だったが、「後入斎《ごにゆうさい》」とあだ名され、誰の言うことにも賛同する人として知られていた。すなわちそれは、最後に聞いた話で動くことを意味し、幕僚にとってこれほど都合のよい上司もいない。

ところが宇垣一成では、そうはいかない。前に述べたように、宇垣には憲兵司令官ですら竦《すく》む威圧力がある。五度の内閣で通算五年二カ月も陸相を務め、ミニ首相ともいうべき朝鮮総督も経験している。そんなキャリアを持つ彼は、省部の少壮幕僚など歯牙《しが》にもかけない。石原莞爾が中心となって作成した「産業五カ年計画」も、宇垣にかかっては、「絵に描いた餅《もち》じゃ」で片づけられただろう。高度国防国家建設も、「予算があるのか」の一言でおわりだ。それを石原は恐れたのだ。

これほど強力な人物が阻止されて、大命拝辞に追いこまれた。省部幕僚だけの力だったのか、それともより大きな力が働いたのか。ともかく第一ラウンドは石原莞爾の勝ちとなった。敗戦後、再軍備問題が浮上したさい、石原は観念的な非武装中立論にこだわっていた。宇垣一成は、関係者に「演習場の手当を忘れるな」と助言した。今日の安全保障を考えるとき、この一言だけでも宇垣は石原より上の経世家であったことがわかる。

諸君が実行不可能としてあげた諸点を引っくり返せば、それだけ奇襲の効果が上がるということだ。奇襲こそが戦争で成功を収める最大の要素である。

一九五〇年八月二三日／国連軍最高司令官　**ダグラス・マッカーサー元帥**

朝鮮戦争中、アメリカ軍の首脳が最も多く集まった会議が、東京のお堀端、第一生命相互ビルに置かれたGHQ（連合国軍最高司令部）で開かれた。会議のテーマは、仁川《インチョン》上陸作戦の可否であった。会議はまず極東海軍の幕僚の説明で始まったが、悲観的な見解に終始した。

次に首脳が意見を述べた。上陸作戦そのものを指揮するジェイムス・ドイル少将ですら、仁川への上陸作戦には懐疑的であった。海軍軍令部長のフォレスト・シャーマン大将は、「仁川は陸地と海上において考えられる、あらゆる不利な点を備えている」と述べた。陸軍参謀総長のジョセフ・コリンズ大将は、釜山橋頭堡《プサンきょうとうほ》から近い錦江《クムガン》河口部の群山《クンサン》に上陸するよう提案した。パイプをふかしながら黙って聞いていたマッカーサーが結論としたのが、この言葉であった。軍の最長老にこう言われてしまうと、誰もが二の句が継げなかった。

「世紀の賭け」仁川上陸作戦

朝鮮戦争は一九五〇年六月二五日、北朝鮮軍の奇襲によって始まり、ソウルは三日で陥落した。つねに現場に足を運び、自分の目で見て判断する主義のダグラス・マッカーサー元帥は、六月二九日に韓国へ飛び、漢江《ハンガン》の南岸に立った。

すでにこのとき、マッカーサーは仁川上陸作戦の構想をふくらませていた。フィリピンを脱出して以来、ニューギニアに始まる日本軍との長い戦いの結果完成させた、敵の背後に対する上陸作戦に強い自信を持っていた彼は、北朝鮮軍の延びきった補給線を遮断して包囲すれば、これを撃滅できると確信していたのである。

問題は、この会議が開かれた八月末における釜山橋頭堡の戦況と仁川の地理的条件であった。介入当初は、「なーに、アメリカ軍の姿を見れば、きっと引き返すだろうよ」と思われた北朝鮮軍だったが、第一陣の米第二四師団〈ビクトリー・ディビジョン〉

は一七日間で七〇〇〇人を超える人員を失った。八月に入っても北朝鮮軍は国連軍を押しまくり、「ダンケルクの再現」とすら語られていた。

そのような状況で、釜山橋頭堡から海兵隊一個連隊を引き抜いて仁川上陸に当てれば、釜山橋頭堡の米第八軍の戦線が崩れかねない。また釜山橋頭堡と仁川は二四〇キロ離れており、仁川に上陸する米第一〇軍団と、釜山橋頭堡から北上する第八軍との連携に時間がかかる。また仁川そのものにも問題があった。潮の干満の差が最大で一〇メートルもあり、干潮時には接岸できないので、連続的に上陸することは不可能だ。上陸に適した海浜もなく、岸壁からすぐに市街地が広がっている。明らかに敵前上陸するほうが不利だ。

シャーマン、コリンズらは、これらの点を指摘して仁川上陸に難色を示した。その意見を聞いていたマッカーサーは、父アーサーの「会議というものは、ためらいと敗北主義を生むものだ」との言葉を思い出していた。彼は自説を論じはじめ、演説は四五分にも及んだのである。そのなかに標題の言葉があった。

中国軍介入という奇襲

一九五〇年九月一五日に決行された仁川上陸作戦は、マッカーサーが予期した以上の奇襲効果を上げ、退勢を一気に挽回させたばかりか、この一撃で北朝鮮軍は瓦解《がかい》した。彼は「世紀の賭け」に勝ったのだ。ところがこんどは、マッカーサー自身が奇襲に遭うこととなった。仁川上陸から一カ月後の一〇月一五日、マッカーサーはハリー・トルーマン大統領とウェーキ島で会談した。その席でマッカーサーは、中国の介入について楽観的な見解を示した。

しかし、それはまったくはずれてしまった。国連軍が中国軍と初めて接触したのは、一〇月二五日前後であった。事態を深刻に受け止めていなかったマッカーサーは、一一月二四日に鴨緑江《アンノッカン》に向かう攻勢を命じた。彼はみずから鴨緑江を上空から視察し、勝利を確信していた。ところが翌二五日、中国軍の大攻勢と鉢合わせとなり、国連軍は一挙に北緯三八度線まで三二〇キロも後退しなければならなくなった。いわゆる「一二月の総退却」である。

奇襲されたマッカーサーは、「中国軍の参戦以降は、アメリカの戦史に前例のない不利な状況を強いられている」と統合参謀本部に報告している。新たに中国軍と対決しなければならなくなったマッカーサーの戦略構想は、本国政府の認識とかけ離れたものとなり、それが彼の解任へとつながっていく。

私は諸君の友人としてここに来た。私はただ武装反乱軍を相手とするだけである。

一八六二年二月／北軍司令官　ユリシーズ・グラント将軍

アメリカの南北戦争は、一八六一年四月に始まった。ケンタッキー州は、リンカーン大統領の出身地であったが中立を宣言していた。だが同州は南北の境界に位置し、戦略的に重要であったため、両軍が侵攻して戦場と化した。グラント将軍は同州を掌握したとき、住民を慰撫《いぶ》するため、このように宣言した。

それまで北軍の将軍たちは、占領した地域住民の反発を招くようなことをする場合が多く、彼らの協力を得る努力を怠っていた。ケンタッキー州は中立を宣言した州でもあり、その帰趨《きすう》は今後の戦争にも影響を及ぼすことをグラントは理解していたので、このような発言となった。

無条件降伏の思想

グラント将軍は一八二二年、オハイオ州に生まれ、ウエスト・ポイント卒業後、メキシコ戦争に従軍して、五四年に軍を去った。民間では事業に失敗したが、南北戦争が始まると大佐として北軍に復帰し、はじめはイリノイ州の義勇軍を指揮した。

一八六二年初頭、グラントが指揮する一万五〇〇〇人の部隊は、舟艇を使ってケンタッキー州に向かい、ヘンリーとドネルソンの二つの要塞を攻略した。グラントは要塞の守備隊に対して、「即時無条件降伏以外は許さない」と強硬に迫り、一躍「戦う将軍」として有名になった。やがて南軍はケンタッキー州から撤退し、北軍が同州の全域を制圧した。そのときにグラントは、一般の民衆にこの布告を発して民心の安定を図った。

その後、グラントは四万人の部隊を率いて南進し、ミシシッピ川の屈曲部、東岸にある要衝ヴィクスバーグを攻撃した。しかし、複雑な地形と南軍の必死の防戦で、グラントの攻撃はことごとく失敗した。そこでグラントは、陸上部隊の主力をミシシッピ川西岸の陸路を南下させ、舟艇部隊をヴィクスバーグ前面で夜間に強行突破させた。この両部隊は下流部で合流し、ミシシッピ川を渡河してヴィクスバーグを包囲した。このとき、陸上部隊は一八日間で三二〇キロを進撃したという。その後、七週間に及ぶ包囲戦のすえにヴィクスバーグの南軍を降伏させた。

この報告を受けたリンカーンは、グラントに感謝と祝福の手紙を送り、一八六三年に彼を西部戦線の総司令官に任命した。グラントは同年末には南軍の拠点であったチヤタヌーガを攻略した。それまでリンカーンは、総司令官を次々と交替させてきたが、ここでようやく意にかなった人物を見出して一八六四年三月、グラントを北軍総司令官に任命した。

理解しにくい矛盾

グラントが総司令官に就任したころは、北軍の優勢は明らかになっていた。だがグラントは、南軍を降伏させるためには、その中心にいるロバート・リー将軍の部隊を撃破しなければならないと考えた。こうして宿命の二人は、南北戦争の最後を飾る壮絶な戦いを繰り広げることとなる。

一八六四年五月から六月にかけて、グラントとリーはウィルダーネス、スポットシルベニア、コールドハーバーと激戦を重ね、ピータースバーグで対峙《たいじ》した。そしてその後、九カ月にも及ぶ塹壕戦《ざんごうせん》に入った。

一方でグラントは、ウィリアム・シャーマンに九万人の部隊を与えて、アトランタから大西洋岸のサバンナへ進撃させた。この戦いはジョージア州のすべてを破壊し、民衆を恐怖に陥れる凄惨《せいさん》なものであった。さらに東部戦線の塹壕戦を打開するため、フィリップ・シェリダンの部隊を南軍の食糧庫でもあったシェナンドー渓谷に進め、ここでも徹底的な焦土《しょうど》作戦を展開した。

グラントが率いる主力はピータースバーグの線を突破し、一八六五年四月三日にリッチモンドを占領した。ここにいたりリー将軍は万策が尽き、四月九日にアポマトックスでグラントと会見して降伏した。降伏の条件は、もはや戦わないという誓約に署名すること、武器を放棄すること、ただし将校には武器の携行と乗馬を認め、さらに一般兵士までが馬匹《ばひつ》を連れて帰れるという寛大なものであった。

それにしても、ケンタッキー州を占領したとき、住民の慰撫に努めたグラント将軍が、北軍の総司令官になるやシャーマンやシェリダンによる無差別の焦土作戦を容認したのはなぜだろうか。彼は一八六九年に第一八代大統領に選出されるが、就任直後に南部で悪名高いシャーマンを大将に昇進させたのはなぜなのか。苛酷な内戦がグラントを変えたのであろうか。

戦いは敵が選んだ治療法である。それなら存分に治療してやろうではないか。

一八六五年一月／ミシシッピー方面軍司令官　**ウィリアム・シャーマン将軍**

究極の焦土作戦、戦略爆撃

南北戦争において、北軍のシャーマン将軍の部隊がサバンナから北上して、ジョージア州からサウスカロライナ州に入るさいに、ここでも焦土《しょうど》作戦をやるのだとの決心をこのように語った。なんという開きなおり、そして傲慢《ごうまん》な言葉であろう。まるで戦争では、なんでも容認できるというような響きすらある。

アメリカの戦争哲学の一つがこれであり、東京大空襲や広島・長崎への原爆投下も、この延長線上にあるというのは間違っているだろうか。一九九〇年の湾岸戦争時、中央軍総司令官のノーマン・シュワルツコフ大将は、シャーマンのこの言葉を机の上に貼りつけていたという。

アトランタ、そして「海への進軍」

シャーマンは一八二〇年、オハイオ州に生まれ、ウエスト・ポイントの出身である。メキシコ戦争（一八四六～四八年）に従軍したが、目立った功績もなく退役した。その後、銀行を経営したり、弁護士をやっていたがうまくいかず、ルイジアナ州のミリタリー・アカデミー（現在のルイジアナ州立大学）の校長をしていた。一八六一年に南北戦争が始まると、彼は北軍に復帰して歩兵連隊長、師団長として転戦した。

南北戦争は当初、小規模なものであったが、しだいに拡大して死傷者が増大し、塹《ざん》壕《ごうせん》戦によって長期化すると、交戦双方とも敵愾心《てきがいしん》を先鋭化させ、無制限の暴力すら是認されるにいたった。シャーマンもまた、南部に対して激しい憎悪の念を抱くこととなった。

一八六四年六月、九万人の軍を率いたシャーマンは、アトランタに向けてチャタヌーガを出発した。四カ月に及ぶ激戦のすえ、シャーマンはようやくアトランタを占領した。このとき彼は、自分の背後には一人の敵も残さないと決め、全市民に立ち退きを命じて市街に火を放ち、アトランタは焦土と化した。その壮絶な光景こそ、映画『風と共に去りぬ』の名場面だ。アトランタ市長は猛然と抗議した。それに対するシャーマンの答えは、「戦争とは残酷なものだ。美化できない」の一言だったという。

さらにジョージア州を横断して、大西洋岸のサバンナにいたる「海への進軍」が開始された。シャーマンは豪語する、「道路や家屋を完全に破壊し、人民を殲滅《せんめつ》すれば、南部の軍事資源は無力になる。私は進撃し、ジョージアを泣き叫ばせてやる」。

こうしてシャーマンが指揮する軍隊が通過したあとには、幅八〇キロもの帯状の焦土が残った。食料の略奪が許可されていたため、兵士たちは無制限に強奪し、さらには放火するようになった。もはやシャーマン自身にも、この惨劇を止めることはできなかった。

焦土作戦が残したもの

サウスカロライナ州は南部連合の指導的立場にあったから、ジョージア州よりもさらに徹底的に破壊された。シャーマンの思考の中心をなしていたものは、目的すなわち戦争に勝利するためには手段を選ばないというものであった。彼は、「私が攻撃せざるをえない立場なら、どのような残忍な手段を行使しても誤りだとは思わない」と述べ、「われわれは、敵の軍隊ばかりでなく、敵の人民とも戦っている。われわれは老若貧富の区別なく、すべての者に戦争の厳しさを痛感させねばならない」とする。

そして彼は、南部の一般民衆にまで恐怖を与えることで、その目的を達成しようとしたのだ。

たしかにシャーマンが指揮した部隊の進撃は、南部の人々を震えあがらせた。しかし、両軍の主力が対峙《たいじ》している戦線には、ほとんど影響を与えていない。したがって戦争の終結のためというよりも、破壊のための破壊にすぎなかったといえる。その後、シャーマンは長いあいだ南部の人々の恨みの的となったのである。

第二次世界大戦でアメリカの主力戦車となったＭ４戦車の愛称は、この〈シャーマン〉であった。これに怒った南部出身の戦車兵が、Ｍ４戦車に搭乗することを拒否するケースがあったそうだ。それをどう説得したのか、はっきりとした記録はない。朝鮮戦争やベトナム戦争まで、一一の星をあしらった南軍のペナントをつけた戦車の写真が残っていることから見て、南軍の旗を掲げるのを黙認することが交換条件だったようにも思える。それほどまでに焦土作戦の負の遺産は大きかったのである。

カサブランカ会談の結果、道徳的な障害はさっぱりとなくなり、私はまったく自由に爆撃を行なうことができた。

一九四三年／英空軍爆撃集団司令官　**アーサー・ハリス中将**

対独戦略爆撃

連合軍の北アフリカ上陸のあと、軍事スタッフを引き連れたフランクリン・ルーズベルト大統領とウィンストン・チャーチル首相は、一九四三年一月一四日から二一日にかけて、モロッコのカサブランカで会談した。会談を終えて記者会見したルーズベルトは、ユリシーズ・グラント将軍の故事を引いて、無条件降伏しか容認しないニュアンスの発言をした。容赦なき全面戦争の宣言であった。

会談では七項目の戦略方針で合意に達した。その第三項に「ドイツに対しできうるかぎり熾《し》烈《れつ》な爆撃を継続する」とある。これと全面戦争の宣言とが結びついて、無差別テロ攻撃ともいうべき空爆が展開されることとなったのである。

無差別爆撃の容認

イギリス軍とドイツ軍、どちらが先に無差別爆撃という決闘状を叩きつけたのかといえば、一九四〇年八月から一〇カ月間にわたるイギリス本土爆撃がその最初だから、ドイツ軍だとされている。とくに一九四〇年一一月のコベントリーへの夜間爆撃では、ドイツ空軍の搭乗員も「これが軍事目標に対する攻撃だろうか」と疑問を感じていたという。この空爆では、爆撃機四四九機が投入され、通常爆弾五〇〇トン、焼夷弾三〇トンが投下された。これによって市街の中心部が破壊され、一般市民一〇〇〇人以上が死亡した。

これで、「コベントリーを忘れるな」のスローガンが生まれ、徹底的な復讐が誓われた。イギリス空軍は、〈アブロ・ランカスター〉に代表される四発重爆撃機や、ドイツ全土をカバーする無線航法システムの整備を進めた。それらが形になった一九四二年二月、イギリスの閣議は「敵国民、とくに産業要員の士気を低下させること」を目的とする無制限爆撃を認可した。一般市民を目標にしても良心の呵責《かしやく》を感じない男、後世の批判にも耐えられるタフな男ということで、アーサー・ハリス中将が爆撃集団司令官に任命された。就任直後の一九四二年三月、ハリスは中世以来の歴史ある都市、リューベックとロストックに襲いかかり、これを焼け野原にした。

このころまではまだ、非軍事目標に対して無差別爆撃を加えることには、躊躇《ちゅうちょ》というものがあった。いくら戦争だといっても、文明の消滅を図るような行為が許されるのかという意識である。ところがカサブランカ会談の戦略方針を具体化した英米爆撃部隊司令官に対する訓令では、「ドイツの軍事的・工業的・経済的機構の攪乱《かくらん》、ならびにドイツ国民の士気を破砕して、その武装抵抗能力を衰減させること」と定められ、これでいっさいの配慮は雲散した。

この訓令には、目標の優先順位がつけられていた。第一位がUボート工場、第二位が航空機工場だが、ハリスはこれを無視して都市中心部への夜間爆撃に徹した。軍需工場への昼間精密爆撃では自軍の損害が大きすぎて、イギリス空軍としては戦術条件に合わないという理屈である。ドイツ国民の士気を破砕するという原則がある以上、一般市民に爆弾の雨を浴びせてどこが悪いのかというのがハリスの論理。そこからついたあだ名が「ボンバー（爆弾屋）・ハリス」。

絶滅作戦は必要だったのか

一九四三年七月二四日夜から八月三日まで、ハンブルクに集中爆撃が加えられた。イギリス空軍は夜間爆撃を、昼間爆撃はアメリカ軍が担当した。イギリス空軍だけで爆撃機三〇〇〇機を投入し、約九〇〇〇トンの爆弾を投下した。一般市民の死者は三万人を超える。これを皮切りに冷酷な絶滅作戦が執拗に続き、最後には味方からすら、費用対効果が引き合うのか、戦争経済から見て無駄なことではないかとの疑問の声すら上がった。やりすぎだというわけである。

ドイツ本土に投下された爆弾は総計一三五万トンといわれる。戦略爆撃の最盛期は一九四四年だが、その期間がドイツの軍需生産のピークだったことも事実である。結局、連合軍の戦略爆撃の目的は達成されず、ドイツの一般市民六〇万人をいたずらに殺害しただけではなかったのかという疑問があってしかるべきだろう。

そもそも爆撃すべき目標が間違っていた。ドイツがかかえる弱点の燃料関連施設を早くから爆撃していれば、決着は早くついたのだ。燃料関連施設への爆撃は、一九四四年五月から始まり、五〇〇〇トンの投弾で絶大な効果を発揮したのだった。日本に対しても同じで、一般市民を焼き殺すことにどんな意味があったのか、被害者として問いかけつづけなければならない。

命令の基本は、精神的にも実践的にも、つねに攻撃的でなければならない。だから防御もまた、次の攻勢の準備として考えられねばならない。

一九一七年六月／ヨーロッパ派遣軍総司令官

ジョン・パーシング大将

第一次世界大戦にアメリカが参戦したのは一九一七年四月六日、パーシング大将がヨーロッパ派遣軍総司令官に任命されたのは同年五月末であった。アメリカ陸軍の第一陣、第一師団〈ビッグ・レッド・ワン〉がフランスに上陸したのは同年六月末のことで、七月四日のアメリカ独立記念日にはパリ市内を行進して連合国の士気を高めた。しかし、アメリカ陸軍の態勢は整っておらず、参戦してすぐに膠着《こうちゃく》した西部戦線の戦況を打開できるとは思われなかった。そこで連合国はアメリカの経済援助に期待を寄せていたのだが、総司令官のパーシングは意気盛んであった。

攻勢至上主義の伝統

フランスに入ったパーシングは、アメリカに期待するものは何かをイギリス、フランス首脳と協議し、一年後に一〇〇万人のアメリカ軍をフランスに配置すると言明した。そのためには二〇〇万人を訓練しなければならない。一九一七年四月には、陸軍を二〇万人にまで増強することになっていたから、それをさらに一〇倍に拡大する大計画となる。

兵力はともかく、組織にも課題があった。当時のアメリカ陸軍には作戦単位となる師団がなく、連隊、大隊が各地に点在していたにすぎなかった。最初に派遣された第一師団も、五月初頭に連隊をかき集めて臨時に編成されたものだった。この第一師団の作戦主任参謀がジョージ・マーシャルである。現役部隊だけでは急場をしのげないので、州兵も動員された。その最初の第四二師団〈レインボー〉は、なんと二六州の州兵で編成され、その参謀長がダグラス・マッカーサーであった。

参戦はしたものの、アメリカ陸軍の実情はこのようなものであったから、連合国としてはそれほど期待しなかったのも無理はない。しかし、パーシングは沈滞した連合軍にハッパをかけるように、積極的な姿勢を打ち出した。独立戦争以来の伝統であり、南北戦争で実践した攻勢至上主義である。

それは掛け声だけでなく、戦略基盤の整備から始める腰を据えたものであった。派遣軍の後方支援基地をアメリカ本土に設営し、大西洋横断航路、フランスの港湾から前線への輸送路までを自前で整備したのだ。これによってアメリカ陸軍は、独力でも戦える環境を作りだした。

この戦略を現場で見ていたマーシャルは、陸軍参謀総長となって、第二次世界大戦でそれを再現してみせたことになる。マッカーサーもまた、補給線の維持という点を太平洋戦争で忠実になぞって、ニューギニアからフィリピンへと進撃した。日本もドイツも、この第一次世界大戦におけるパーシングの戦略を学習しておけば、また違った対応の仕方があったことであろう。

危機にさいして必要なのは、もっと攻撃的な司令官だ。

一九四二年一〇月二五日／米太平洋艦隊司令長官

チェスター・ニミッツ大将

連合軍反攻の第一歩となったガダルカナル攻防戦は、アメリカ軍にとっても決して楽な戦いではなかった。陸上では日本軍第二師団主力による総攻撃、海上では南太平洋海戦が行なわれた一九四二年（昭和一七）一〇月末、どちらに転ぶかわからないまでに戦況は逼迫《ひっぱく》し、アメリカ軍にも沈滞ムードが高まった。

この難局を打開するためニミッツは、南太平洋方面司令官であったロバート・ゴームレー中将を更迭し、後任にウィリアム・ハルゼー中将をあてた。全軍は沸きたった、「ブルが帰ってきたぞ」と。トップの人事が士気と戦力に直結した好例である。

人事の天才

ニミッツは潜水艦育ちであった。感情の起伏が少なく、忍耐強いと評価されて潜水艦の勤務に適性ありとなったのだろう。潜水艦の揺籃期《ようらんき》で大艦巨砲主義《たいかんきょほう》の全盛期の二〇世紀初頭のことだから、それほど期待された人材ではなかったとも言える。地味な潜水艦畑の勤務のなかで、物静かで公正な態度が注目され、少将のときに海軍省の人事局長に抜擢《ばってき》された。ここでニミッツは、上官の恣意《しい》が入りこむ余地のない人事管理システムを実行に移し、大好評を博した。

パールハーバー奇襲のあと、太平洋艦隊司令長官にニミッツが送りこまれた。一九四一年一二月三一日、少将から直接、大将に昇進したうえでの異動だった。このダイナミックな人事には驚かされる。ハワイに着いたニミッツは、司令部一同を集めて「転属を希望する者以外は現在の職務にとどまるように」と訓示した。

この一言で敗北に打ちのめされていた太平洋艦隊の衆心は、がっちりと一つに固まった。新しい司令長官は、汚名挽回のチャンスを与えてくれたのだ。これで士気が上がらないわけはない。

ニミッツの人事は、このような温情あるものばかりだったのか。とんでもない。この一言のように、状況にそぐわないとなればいとも簡単に首を切る。ゴームレー中将は優秀な幕僚タイプでミスがない。しかし、気が小さく、勝負に出られない傾向があった。一九四二年一〇月ごろといえば、艦艇の建造が軌道に乗る前で、艦隊保全に傾くのは当然だが、ニミッツにはそれが気に入らない。

そこで同年四月の東京初空襲ののち、皮膚病のため入院していたハルゼー中将の再登板となった。ハルゼーの名前はウィリアムだから、愛称はビルとなるが、ある記者が意図的にブル（雄牛）とミスタイプしてそれが彼の通称となった。芝居がかった言動が多く、やや軽率なところがあるハルゼーを、なぜ正反対の性格とも思えるニミッツが気に入ったのか、そのあたりが人間関係の妙なのであろう。

エースのワンペア

太平洋戦争の海戦史を見ていると、米太平洋艦隊には第三艦隊と第五艦隊の二つの艦隊があり、混乱してしまうことがある。これはニミッツの人事から生まれたもので、実態は艦隊一つだけだ。ハルゼーが司令官のときは第三艦隊、レイモンド・スプルーアンスが司令官のときは第五艦隊と番号だけをつけ替えていたのだ。こうすれば、「奴の後任とは心外」とか「奴のために更迭された」というもめ事が起こらない。同じことではないかというのは軍人の精神構造がわからないからで、こういった配慮が「人事のニミッツ」の真骨頂だった。

ニミッツの切り札でもあったこの二人のエースは、性格が正反対だった。ハルゼーとは対照的にスプルーアンスは目立たない温和な人で、ミッドウェー海戦の勝者ながら「英雄賛歌を寄せられない提督」と言われた。これだけ性格が違うと逆に気が合うというのは洋の東西を問わないようだ。開戦時の年齢を見ると、ハルゼーは五九歳、ニミッツは五六歳、スプルーアンスは五四歳であった。この年齢の違いも、ニミッツは織り込み済みで人事を行なった。

中部太平洋を攻め上がり、一九四四年六月のマリアナ諸島攻略まではスプルーアンス、一九四四年一〇月からのフィリピン攻略はハルゼー、そして沖縄戦の前半はスプルーアンス、後半はハルゼーとニミッツは自由自在に二枚のエースを使いこなした。「有能な人材を使わないのは不経済だ。しかし、長く使うと弊害が生じる」、これがニミッツの人事哲学だった。硬直した人事で日本海軍は敗北し、ダイナミックな人事でアメリカ海軍は圧勝したと総括できるだろう。

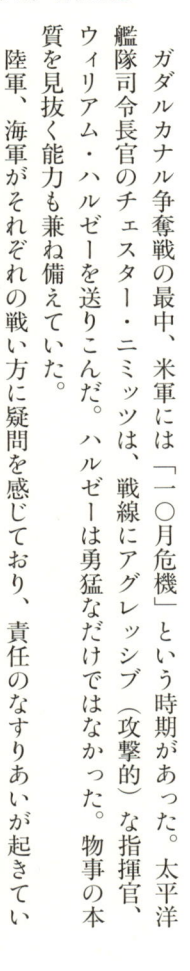

何よりも陸海空の協力が必要だ。もしおまえたちが争いを起こすことがあれば、その場で軍服を脱がせるぞ。

一九四二年一〇月／南太平洋方面司令官　ウィリアム・ハルゼー中将

ガダルカナル争奪戦の最中、米軍には「一〇月危機」という時期があった。太平洋艦隊司令長官のチェスター・ニミッツは、戦線にアグレッシブ（攻撃的）な指揮官、ウィリアム・ハルゼーを送りこんだ。ハルゼーは勇猛なだけではなかった。物事の本質を見抜く能力も兼ね備えていた。

陸軍、海軍がそれぞれの戦い方に疑問を感じており、責任のなすりあいが起きている。それが苦戦の原因で、これを取り除かないかぎり勝利はないとハルゼーは見定めた。彼はニューカレドニア島のヌーメアの司令部で、いかにも彼らしい表現で陸海の円滑な協同を呼びかけた。

問題の本質をつかむ能力

幕僚に気合を入れたハルゼーは、次に前線の指揮官を召集した。一〇月二〇日夜のことだった。集まったのは、ガダルカナル島で戦っている第一海兵師団長のアレクサンダー・ヴァンデクリフト少将、それを直接支援している水陸両用部隊指揮官のリッチモンド・ターナー少将である。ハルゼーとこの二人の少将とは、面白い取り合わせだ。ヴァンデクリフトは勇猛な海兵隊員だが礼儀正しい人物で、「ジャップ」という卑語を決して口にしなかった。ターナーの前職は海軍軍令部戦争計画部長というエリートで、「ラフでタフ」と高く評価されていた。ではハルゼーは？　それは最後に紹介したい。

この二人の少将は、ハルゼーに窮状を訴えた。ハルゼーは尋ねた。「貴官たちは撤退しようというのか、それともあくまで守り通すというのか」。すべては、この問題に帰着する。ハルゼーは、ヴァンデクリフトにその意思と可能性について質《ただ》したのである。三三年の軍歴を持つヴァンデクリフトは、「確保できます。だが今までよりも、もっと積極的な支援をお願いします」と答えた。

これはハルゼーの考えと一致した。断じてガダルカナルは死守しなければならない。

それが問題の本質だった。「よろしい。大いにやってみたまえ。できるだけのことを約束する」。ハルゼーは約束を果たした。トーマス・キンケイド少将に、空母〈ホーネット〉と〈エンタープライズ〉を率いてガダルカナル北東海面へ向かうよう命じ、一〇月二六日には日米の機動部隊が激突する南太平洋海戦となった。このときハルゼーが発した命令は、「アタック。リピート。アタック」の三語だけであった。この海戦は日本側の勝利となったが、ガダルカナル島での戦いでは、日本軍の攻撃が頓挫《とんざ》した。そこで日本軍は新たに第三八師団の投入を図った。

この増援部隊の輸送をめぐって、一一月一三日に第三次ソロモン海戦が起きた。さすがのハルゼーもこのときは緊張し、一晩にコーヒー四リットルを飲み、タバコ二箱を空《から》にしたという。この海戦で日本艦隊は撃退され、これでガダルカナルの運命は定まった。ハルゼーは「一〇月危機」を乗りきったのである。

厄介な猛将

第二次世界大戦を戦ったアメリカ軍の指揮官で、猛将と呼ぶにふさわしいのは、陸軍のジョージ・パットン、海軍のハルゼー、海兵隊のホーランド・スミスとなるだろう。ハルゼーは、パットン同様、エピソードの多い人物である。いかつい風貌、派手なパフォーマンスは、戦意高揚の格好の材料となった。とにかく日本にとって厄介な存在だった。

父親も海軍士官だったが、ハルゼーは高校の成績が悪く、なかなか推薦が得られず海軍兵学校に入るのにも苦労し、卒業席次も芳しくなかった。任官して三〇年、駆逐艦の勤務に明け暮れた。そのままであったなら歴史の表舞台に立つこともなかったはずだが、なんと彼は五一歳のとき、航空学校のパイロット・コースに進み、周囲を驚かせた。課程修了後、空母〈サラトガ〉の艦長となり、機動部隊の指揮官として歩みだした。

戦意旺盛なハルゼーは、「キル・ジャップ」を連発し、アメリカ版「大本営発表《だいほんえい》」の寵児《ちょうじ》となった。その戦意が災いし、一九四四年一〇月のレイテ沖海戦では、囮《おとり》の小《お》澤《ざわ》艦隊への攻撃に熱中し、肝心のレイテ湾が危機に瀕《ひん》するという失態を演じた。また不用意に大低気圧のなかに突っ込み、戦闘より凄まじい損害を被《こうむ》ったこともある。しかし、彼は更迭されなかった。人気があり、愛される指揮官は貴重な存在だからだ。と同時に、前に述べたように、物事の本質を素早くつかむ才に恵まれていたことも、ハルゼーが重用された理由であろう。

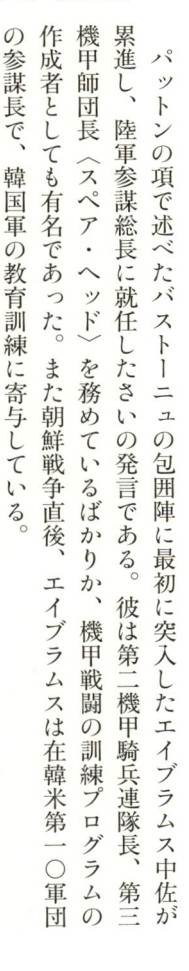

兵士が陸軍にいるのではない、兵士そのものが陸軍なのだ。

一九七二年一〇月／米陸軍参謀総長　**クレイトン・エイブラムス大将**

パットンの項で述べたバストーニュの包囲陣に最初に突入したエイブラムス中佐が累進し、陸軍参謀総長に就任したさいの発言である。彼は第二機甲騎兵連隊長、第三機甲師団長〈スペア・ヘッド〉を務めているばかりか、機甲戦闘の訓練プログラムの作成者としても有名であった。また朝鮮戦争直後、エイブラムスは在韓米第一〇軍団の参謀長で、韓国軍の教育訓練に寄与している。

米軍の現用主力戦車M1の愛称は彼の名前をとって〈エイブラムス〉となっているが、それは彼が生粋《きっすい》の戦車屋だっただけではなく、名トレーナー、そして陸軍参謀総長としての手腕が高く評価されたことによる。

ベトナム戦争後の陸軍再構築

クレイトン・エイブラムスは、一九六七年から七二年までベトナム派遣軍総司令官を務め、泥沼にあえぐアメリカ陸軍の姿を見て、その将来を危惧していた。アメリカ軍はベトナム戦争で五万八〇〇〇人の死者を出した。最盛時の戦費は一日一億ドル、当時のレートで三六〇億円、高島平団地の造成費だ。そんな人的・物的損失はもとより、陸軍にとって深刻な問題は、自信喪失と軍紀の弛緩《しかん》であった。

これを立て直す重責が陸軍参謀総長に就任したエイブラムスに委ねられたのである。彼はこの言葉のように、組織の中心に「兵士」すなわち「人」を据えた。待遇の改善を図ると公約し、部隊の即応態勢の強化を求めた。教育・訓練の充実はもちろんである。これらは往々にして精神重視に傾き、空虚なスローガンに終わるケースが多い。ところが中佐で英雄となった人だけあって、それを実現した。訓練も場所がなければやれない。それではと、カリフォルニア州のフォート・アーウィンに国立訓練センター（NTC）を設けて、訓練の実が得られるレーザービームを使った部隊対抗形式の演習が始まった。

そしていかにもアメリカ的なのだが、必勝の信念を固められるよう世界最強の兵器を与えると約束したのである。それが「ビッグ・ファイブ」だった。M1戦車、M2歩兵戦闘車〈ブラッドレー〉、SH60輸送ヘリコプター〈ブラックホーク〉、AH64攻撃ヘリコプター〈アパッチ〉、そしてパトリオット・ミサイルであり、すべて大量装備が実現した。「将軍は空包を撃たない」のである。

一九七四年、エイブラムスは陸軍参謀総長の任期半ば、しかもペンタゴンのオフィスで死去した。戦車屋の先輩であるジョージ・パットン、ウォルトン・ウォーカーと同じく、任務遂行中に斃《たお》れたことは奇《く》しき因縁と言うべきか。そのため、公約した「ビッグ・ファイブ」を見ることはなかったが、それらは見事に花開いた。

これらの新装備は、一九九一年の湾岸戦争におけるアメリカ軍快勝の決め手となった。ベトナム戦争の教訓から、敵地の泥沼にはまりこんではならないという原則も守られた。少なくともここまでは、クレイトン・エイブラムス将軍の理念は生きていたのである。

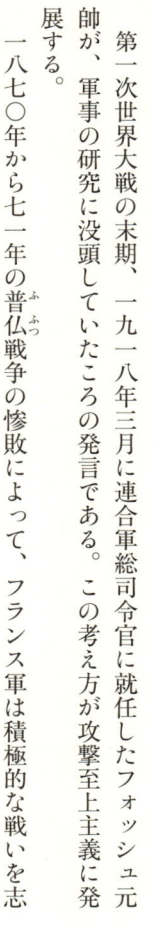

どのような火器の改良も、最終的には攻撃側に対して力を付与することになる。

一九〇〇年／フランス陸軍大学校教官

フェルディナン・フォッシュ中佐

第一次世界大戦の末期、一九一八年三月に連合軍総司令官に就任したフォッシュ元帥が、軍事の研究に没頭していたころの発言である。この考え方が攻撃至上主義に発展する。

一八七〇年から七一年の普仏《ふふつ》戦争の惨敗によって、フランス軍は積極的な戦いを志向するようになった。この普仏戦争で戦死したド・ピック少佐が残したメモをもとに編集された『戦闘の研究』には、次のように記されていた。「戦闘の成否は士気にあり、精神力の強い者が勝つ」「前進を続ける者は士気が優越している」、したがって「前進する者が勝利する」という飛躍した三段論法だった。これをフランス陸軍のドクトリンに据えようとした代表がフォッシュであった。

多大な流血をもたらした思想

フォッシュは、戦いにおける精神的要素の重要性を強調し、「敗北に終わる戦闘とは、自分が敗れたと思う戦闘である」、したがって戦闘は士気を喪失することによって敗れるとする。言いかえれば、士気を堅持することによって勝利を収めうる。そのためには、敵の軍隊を物質的にも、精神的にも撃破することが必要になると説いた。

そこから導き出されることは、「敵軍隊を打撃し、撃破すること。これを唯一の目的として、最も迅速かつ安全な方法で達成しうる指導と戦術を採用すること、これこそが現代戦における精神的態度のすべてである」、そのためには攻撃こそが最良の戦術行動であるとしたのである。これは日本陸軍の統帥綱領に通じるものがあるが、それ以上に徹底した攻撃至上主義だった。

槍や弓で戦う時代には、精神的要素や積極的な攻撃は大きな意味を持っている。だが、兵器が発達してくる近代になると、必ずしもそうではない。火砲の威力が増し、機関銃が一般的に広く装備される時代において、塹壕《ざんごう》のなかで待ち受ける防御側よりも、全身を敵弾にさらして前進しなければならない攻撃側のほうが精神的に優越し、損害が少ないものだろうか。一五世紀に火縄銃《ひなわじゅう》が登場したとき、当初は防御側に有利で、各国はこの火縄銃をどうやって攻撃に利用するか、試行錯誤を繰り返したことをフォッシュが知らないはずがない。

いかなる場合でも攻撃側が有利なのであろうか。「攻撃は最良の防御」というのは、あくまで机上の論理であって戦場で証明されたものではない。それよりも古来から、「防御は精強な部隊でなければ決してできない」との箴言《しんげん》を、フォッシュはどう理解していたのだろうか。

ともあれ第一次世界大戦においてフランス軍は、この極端な思想をドクトリンとして戦ったため、多大な血を流さなければならなかったといえる。

軍隊は、その機構に変革を加えようとする傾向を持つものに対して、本能的に恐れを抱くものである。

一九三三年／フランス国防会議事務局長

シャルル・ド・ゴール中佐

フランスは実質的に第二次世界大戦の敗戦国だと思うが、いつのまにかちゃっかり戦勝国の一員に収まり、ドイツに占領地域まで与えられた。このマジックはド・ゴールの手腕に負うところが大きいとされる。一九五八年から一〇年にわたって大統領だったことから、政治家のイメージが強いが、それだけではない。彼は第一次世界大戦で三回も負傷し、第二次世界大戦の緒戦では、第四機甲師団長としてドイツ機甲部隊に反撃を試みるなど、第一線の勇士であった。また革新的な軍事理論の提唱者でもあった。

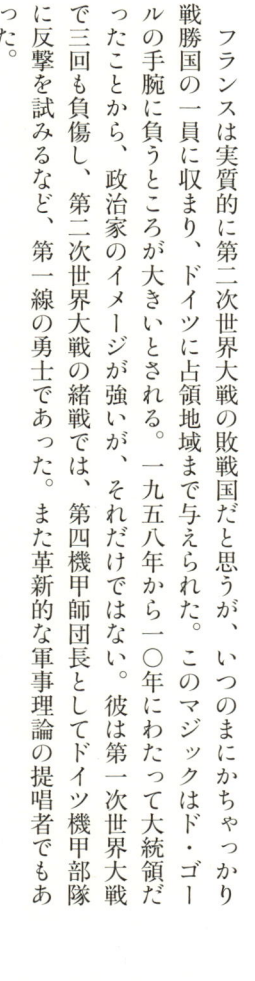

受け入れられなかった革新的思想

第一次世界大戦における西部戦線では、交戦双方とも膨大な人的被害を被《こうむ》った。フランス軍の死者は一三六万人と記録されている。この教訓から学んだものは、フランスとドイツとでは大きな違いがあった。第一次世界大戦前のフランス軍は、フェルディナン・フォッシュに代表されるように、過剰とも思えるほど「攻勢主義」に傾いていた。それが行きすぎた「防勢主義」へと大きく振り子を戻したのである。それに対してドイツ軍は、機甲部隊による電撃戦を構想した。

その象徴が、「マジノ線」だ。ドイツとの国境部に長大な要塞線を築き、その内側に引きこもったのである。レオン・ブルム首相は、「わが国の態勢は、攻撃には適さなくても、防御に回れば優秀です。いずれにしても、わが国の防御線と要塞とが守ってくれるでしょう」と語った。

このような風潮のなか、孤立を恐れずに強力な専門的職業軍と「抑止力と防御力を兼備した機動軍団」の建設を提唱した軍人がいた。シャルル・ド・ゴールである。彼は、一九三三年に『剣の刃』、翌三四年に『職業軍の建設を！』を出版して啓蒙活動を続けた。

ド・ゴールはドイツ国境部の地勢を、「天然の要害もなく、陸路、鉄路は四通八達《しつうはったつ》し、フランスの心臓部を狙う大軍団の侵攻に格好の地形」ととらえた。そして、ゲルマン民族は、フリードリッヒ大王の時代から電撃的な奇襲に出るのをつねとする、今日のドイツ軍も、ラインの森、モーゼルの森、アルデンヌの森に隠れてひそかにやって来ると、まさに一九四〇年五月の事態、ドイツ軍の西方《せいほう》電撃戦を予見していた。

唯一の対応策は機動力であり、熟練した職業軍でなければならない。それを空軍とうまく噛みあわせ、三次元での戦闘によるべきだとド・ゴールは説いた。まさに卓見であったが、受け入れられなかった。その結果、四八〇〇両の戦車を持つ英仏軍は、その半分以下の二二〇〇両のドイツ軍に圧倒されたのだ。装備の質と量よりも、問題の根本は思想の変革にあることを示す好例である。

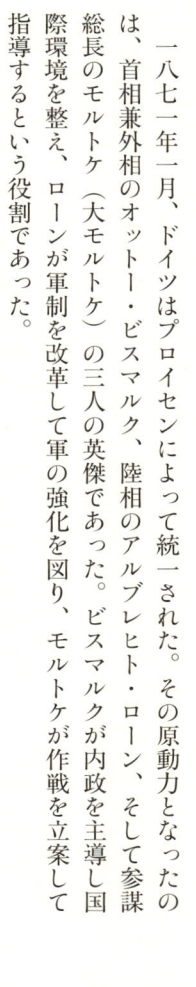

ひとたび軍隊が戦争に従事したならば、軍事に関する指針は、軍人のみによって示される。

一八七一年／ドイツ軍参謀総長

ヘルムート・フォン・モルトケ元帥

一八七一年一月、ドイツはプロイセンによって統一された。その原動力となったのは、首相兼外相のオットー・ビスマルク、陸相のアルブレヒト・ローン、そして参謀総長のモルトケ（大モルトケ）の三人の英傑であった。ビスマルクが内政を主導し国際環境を整え、ローンが軍制を改革して軍の強化を図り、モルトケが作戦を立案して指導するという役割であった。

この三人の関係は、政治、軍政、軍令の理想とされてきた。しかし、ビスマルクとモルトケは激しく対立することもあった。モルトケは軍事のみに専念し、政治的なことには口をはさまなかったが、ビスマルクは作戦に意見を述べることもあった。モルトケにはそれが軍令への容喙《ようかい》と思え、またビスマルクは参謀本部が作戦計画を知らせず、戦況を通報しないことに憤慨していた。

政治と軍事の対立点

モルトケは一八五七年、参謀総長に就任し、以来三〇年もその地位にとどまった。モルトケが部内で有名になるのは、一八六四年の対デンマーク戦争以降であり、それまでは無名の存在であった。参謀本部そのものも冬の時代で、独立した機関ではなく、陸軍省の一部局であった。そのため参謀総長は直接皇帝に上奏する立場にはなく、首相もしくは陸相を通して皇帝の認可を得なければならなかった。そのようななかでモルトケは、理想的な政軍関係を模索しつつ、参謀本部の近代化と権威の確立を目指したのである。

普仏《ふふつ》戦争の前年、一八六九年にモルトケは『上級指揮官のための指針』を著わし、「戦争の目標は、政府の政略を武力をもって遂行することである」と述べている。そして一八七一年に著わした『戦略について』では、標題の一節に続いて、「政治的な配慮は、これが軍事的に不適切もしくは不可能な場合にのみ考慮されうる」と述べている。

これらを読みあわせると、モルトケは軍事に対する政治の不関与を主張しているのではないことがわかる。すなわち軍事は政治に従属すべきであることを大前提としながらも、政略の達成のための戦争においては、作戦は軍人の専管事項であり、政治が作戦に関与することは、軍に影響力を示そうとする下心にすぎないと疑っていた。

参謀総長としてのモルトケは、戦争の勝利こそが政略を達成する絶対の方策であると考えていた。首相としてのビスマルクは、軍事的勝利をもっていかに持続的な平和を図るかという点に腐心していた。この違いゆえの対立であった。この二人の英傑にしても、軍事と政治の関係を円滑に保つことは難しかったのである。

必ず戦争になる。わが右翼を強大ならしめよ。

一九一三年一月四日／前ドイツ軍参謀総長

アルフレッド・シュリーフェン元帥

一八三三年、ベルリンに生まれたシュリーフェンは、五三年に志願兵として入隊した。それまで司法官の教育を受けていたが、「法律の条文を記憶するのが面倒くさい」といって軍人に転身した変わり種である。軍人になってからの彼は、典型的な参謀タイプで、軍事思想や思索よりも、具体的な計画を立案することを好む厳格な人だったという。シュリーフェンは、オットー・ビスマルクが引退した翌年の一八九一年に参謀総長に就任し、実に在職一五年にも及んだ。辞任後も作戦研究に没頭し、最期の言葉がこれであった。

シュリーフェン・プラン

ビスマルク体制の崩壊によって、ヨーロッパの戦略環境はフランスとロシアの接近を軸として大きく変化した。以前はドイツにとって好ましくない仮定の話であった、フランスとロシアを敵とする二正面作戦が、現実のものとなったのである。参謀総長のシュリーフェンはその在任期間中に、対フランス計画を一六通り、対ロシア計画を一四通り、二正面（対フランス・ロシア）計画を一九通り策定した。そのなかで彼が心血をそそいだのが、困難な二正面作戦であった。

いわゆるシュリーフェン・プランの基本的な構想は、次のようなものであった。まず前提として、ロシア軍が動員してドイツの東部国境に達するには六週間かかる、ドイツにとって最大の脅威はフランス軍である。したがって内線作戦（包囲される側が放射状に作戦すること）の利を最大限に活用して、まずフランスを、次いでロシアを各個に撃破することを狙いとした。

具体的には、ドイツ軍八個軍のうちわずか一個軍を対ロシア戦にあて、残りの七個軍を西部戦線の対フランス攻勢に集中する。その主攻は右翼に向けられ、ベルギー国境からパリ西方に遠く迂回してフランス軍主力を撃滅したのち、左に旋回してスイス国境に向けて圧迫するという雄大な構想であった。次に対ロシア軍の東部戦線に向かう。二正面作戦であるから、対フランス軍作戦は速戦速決を徹底的に追求しなければならない。その決め手は、主攻である右翼を最大限、強大にすることだ。そこでこの遺言となったのである。

シュリーフェンの後任の参謀総長はヘルムート・フォン・モルトケ（小モルトケ）であり、第一次世界大戦の緒戦に臨んだ。西部戦線の左翼が不安になり、モルトケはまず右翼の兵力をそちらに割《さ》いた。さらに東部戦線も不安になり、ここにも兵力を回した。西部戦線の右翼は弱体化し、シュリーフェン・プランどおりの展開とはならずに塹壕戦《ざんごうせん》となり、その結果、戦争が長期化してしまった。

制度は変われども精神は残る。軍隊勤務における無私にして黙々たる任務完遂の精神これなり。参謀将校は無名なり。

一九一九年七月六日／ドイツ陸軍統帥部長官

ハンス・フォン・ゼークト大将

第一次世界大戦の敗戦によって、ドイツは航空機、潜水艦、戦車などの攻撃的兵器の保有が禁じられたばかりか、参謀本部、陸軍大学校、徴兵制度が禁止された。総兵力は、陸軍一〇万人、海軍一万五〇〇〇人とされた。

この厳しい軍備制限下において、陸軍の再建にあたったのがハンス・フォン・ゼークトであった。彼は参謀本部の遺産であるヘルムート・フォン・モルトケ（大モルトケ）の思想を受け継ぐことを望み、陸軍統帥部長官（参謀総長）就任にさいしての訓示でこのように述べ、続けて「今や悔恨あるいは問責のときに非《あら》ずして、われらは誠に倦怠《けんたい》の暇なし。われら精勤すべし。義務をまっとうするかぎり、われらの栄誉は不滅なり」と述べた。

ベルサイユ体制下の軍備

このときドイツは、軍備の制限はもとより、参謀将校という用語の使用さえ禁止され、陸軍大学校での教育に代わって、不完全な二年間の「指揮官補佐教育課程」と「軍管区演習」で参謀を養成しなければならなかった。物心両面からの制限が課せられたのだった。

しかしゼークトは、これを否定的な意味だけでは受け止めず、むしろこの逆境の時代を近代化の重要なステップとしてとらえていた。軍の解体ともいうべき徹底した人員削減が行なわれたが、将校七人のうち最良の一人を選んで軍に残すことができた。彼はこれを基幹要員として、プロフェッショナルな集団を作りあげたのであった。ゼークトが、「軍は少数であればあるほど、これに近代的武装を施すことはますます容易となる」と考えていたことは、注目すべきであろう。ゼークトを中心とするワイマール共和国防衛軍は、ベルサイユ体制を逆手に取ったといえる。

このような考え方は、第一次世界大戦の教訓から導き出されている。「なぜ、戦争を迅速に終結せんとする目的は達成できなかったのか」についての深刻な反省から、「近代的戦略の目標は、膨大な軍を使用せず、運動力を有し、また作戦能力のある優秀な兵力をもって戦争の決定を求めるにある」と結論づけた。ゼークトは、機動力を徹底的に発揮できる精兵がそろった軍隊の建設を目指していたのだ。戦車の重視も、その具体策の一つだった。

日本陸軍は、ドイツの精神的な優越性を絶賛していたが、軍事思想の科学的な優越性についての評価は、不徹底であったと言わざるをえない。のちに同盟関係を結ぶ日本とドイツは、その共通点を規律心や習慣上の美徳に見出して、精神的な一体感を強調するようになった。ドイツ国防軍の再建と近代化の過程において同列にあった日本陸軍が学ぶべき点は、そのことよりも科学的思考にもとづいた用兵であり、火力と機動力を兼ね備えた部隊の建設であったのだ。

私にそそいでくれた信頼に感謝する。フォン・マンシュタイン元帥は、つねに合法的政権に忠誠を尽くし、奉仕する所存であると伝えてくれたまえ。

一九四三年八月八日／ドイツ南方軍集団司令官　エーリッヒ・フォン・マンシュタイン元帥

ドイツ中央軍集団司令官であったギュンター・フォン・クルーゲ元帥は、アドルフ・ヒトラーを亡き者にしてでも、陸海空を統合して国防軍参謀総長を置く計画を抱いていた。その重責を担うものは、マンシュタイン元帥のほかはありえないとし、事前の了承を求めるため使者を立てた。使者がどこまで計画を明らかにしたのかはっきりしないものの、国防軍参謀総長に就任することについてマンシュタインはこのように答えたとされる。

未遂で終わった一九四四年七月二〇日のヒトラー暗殺事件にかぎらず、反ナチス運動はおもに陸軍のなかに根強くあった。しかし、ヒトラーのビッグネームに対抗できる者がいないため、全軍挙げて結集する力が不足した。ヒトラーに対抗できる人物がいたとすれば、それはマンシュタイン元帥であった。

戦略・作戦の天才

一カ月半で勝利を収めた対フランス電撃作戦を立案し、一カ月でセバストポリ要塞を陥落させ、スターリングラード攻防戦以降の南部戦線の危機を救った男、それがマンシュタインである。ソ連軍を代表するゲオルゲ・ジューコフ元帥ですら、「この正面の敵軍の将軍は、経験豊かな統率力があると思えたが、それもそのはずマンシュタイン元帥だった」と書き残している。第二次世界大戦を代表する野戦の将帥《しょうすい》は、彼だと言っても異論はないだろう。

しかし、マンシュタインには、天才によくありがちな機会主義者《オポチュニスト》的な側面があったと見る人もいる。たとえば、ともに陸軍参謀総長を務めたルートヴィッヒ・ベックやフランツ・ハルダーは、彼の才能は認めつつも、その性格に難色を示していた。それはマンシュタイン自身が語るように、「第一に軍人である」ことの裏返しかもしれない。軍事以外に関心がないために、そのほかの問題については、このような優等生的な発言となるのだろう。

マンシュタインの軍事的才能は、ナチスの野望に利用されただけではなかったのか、苦しみを長引かせただけだったのではないかとの疑問もよく語られる。自分を軍事的天才と思いこんでいたヒトラーですら、マンシュタインについて「あの男は私の好みではない。だが、たいしたことをやる力がある」と言っている。そこで、「彼さえいなければ」と歴史の「イフ」が語られることになり、それがまた天才であったことの証明ともなった。

プロイセン軍人の伝統

マンシュタインの実の父親はエドワルド・フォン・レビンスキー大将だったが、母親の姉妹という関係から、ゲオルグ・フォン・マンシュタイン中将の養子となった。両家とも一四世紀以前から続く古いプロイセン貴族の家柄だ。彼はプレーンの幼年学校、リヒターフェルデの中央幼年学校、エンガーの士官学校を卒業して、近衛第三歩兵連隊で少尉に任官し、典型的なプロイセン将校団の一員として育った。第一次世界大戦終結時には、第二一三歩兵師団の首席作戦参謀であった。

これほどの貴族、正統派のプロイセン軍人が、なぜ町のダニのような連中の集まりであるナチスのためにその才能を使ったのか。さらには反ヒトラー運動に加担しなかったのか。マンシュタインを先頭に元帥一同が決起し、ヒトラーに拳銃を突きつけるという直接行動まではいかなくとも、運動の精神的支柱になるとの意思表示をしただけで、事態は大きく変わったはずだ。

一九四三年一月下旬に、「七月二〇日事件」の実行犯となるクラウス・フォン・シュタウフェンベルク少佐はマンシュタインを訪ねて、東部戦線の統一指揮権を力ずくでも得るように提案した。八月には最初に述べたクルーゲからの使者が訪れた。一一月には反ヒトラー運動の首魁《しゅかい》であったヘニング・フォン・トレスコウ大佐が現われ、行動によってドイツを破滅から救ってくれるよう強く要請した。ちなみに彼とトレスコウの関係は古い。マンシュタインがA軍集団参謀長として対フランス作戦を立案したとき、トレスコウはその部下の作戦班長であった。

マンシュタインは、度重なる懇請にも彼本来の姿勢を崩さなかった。「法的根拠のない行動はできない」「プロイセンの元帥が謀反《むほん》など論外」というわけである。これは彼の性格や「忠誠の宣誓」の重さで説明されてきた。またそれは、政治と軍事の関係を根源的に問いなおすものでもあった。政治が軍事をコントロールする、それが原則であることは間違いない。しかし、政治が破綻《はたん》して収拾がつかなくなったとき、軍人はどう行動すべきなのか、永遠のテーマである。

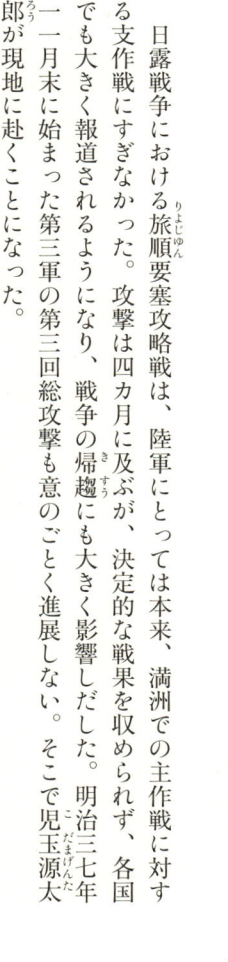

国家は貴官を陸軍大学校で学ばせた。貴官の栄達のために学ばせたのではない。

明治三七年（一九〇四）一二月二日／満洲軍総参謀長

児《こ》玉源太《だまげんた》郎《ろう》大将

日露戦争における旅順《りよじゆん》要塞攻略戦は、陸軍にとっては本来、満洲での主作戦に対する支作戦にすぎなかった。攻撃は四カ月に及ぶが、決定的な戦果を収められず、各国でも大きく報道されるようになり、戦争の帰趨《きすう》にも大きく影響しだした。明治三七年一一月末に始まった第三軍の第三回総攻撃も意のごとく進展しない。そこで児《こ》玉源太《だまげんた》郎《ろう》が現地に赴くことになった。

旅順に入った児玉源太郎は、第三軍の不手際をさまざま見て頭に血がのぼっていた。そして高崎山《たかさきやま》の第七師団司令部を訪れ、二〇三高地に対する再攻撃の計画を検討していたとき、作戦地図を見ると、同じ歩兵中隊が両翼に配置されている。児玉は激怒し、参謀の一人に近づいて、「貴官は陸軍大学校で何を学んだのか」と大喝《だいかつ》し、続けてこの言葉を投げつけ、その参謀の俗に言う「綱《つな》」、参謀飾緒《さんぼうしょくちょ》を剝《は》ぎ取ったという。

旅順行の真意

児玉源太郎は、大山巌《おおやまいわお》総司令官の「予に代わり児玉を差遣《さけん》す。児玉の云う所は予の云う所と心得うべし」との一書を胸に旅順に向かった。戦局を冷静に判断しえる児玉には、第三軍の苦闘も、海軍側の要求もよくわかっていた。また、なかなか旅順要塞を攻略できないことで御前会議まで煩わせたことに忸怩《じくじ》たる思いもあったであろう。海軍の要望に応えるためにも、一時主攻を二〇三高地に変更しなければという考えがあったかもしれない。

だが、旅順行を決心した児玉源太郎の心を占めていたのは、親友である第三軍司令官の乃木《のぎ》希典《まれすけ》への思いであった。攻撃は四カ月にもわたるがいっこうに勝利の糸口が見えない。屍山血河《しざんけつが》を繰り返すことを非難され、しかも乃木は長男の勝典《かつすけ》を南山《なんざん》で失い、次男の保典《やすすけ》を二〇三高地で亡くしたばかりだった（次男の戦死は一一月三〇日）。耐えがたい立場であり、乃木は自決しようとしているのではないか、そうであれば自分が旅順に行って乃木を助けてやりたい、これが児玉の思いであった。

ところが旅順で児玉源太郎の目に飛びこんできたものは、第三軍の参謀の怠慢ぶりであった。通信所が離れていて、司令部は現在の状況も把握していない。補充兵が通る経路近くに埋葬地を設けて、兵卒の士気をそいでいる。以前から第三軍の参謀は、第一線に進出していないとは聞いていた。それにしても、ここまで無能とは思わなかった。「おまえたちは司令官をよく補佐していない」という怒りが、同じ部隊を二カ所に記すという致命的なミスを発見したときに爆発した。

第一線の部隊が苦闘を続けているというのに、安全な後方にいる参謀は漫然と命令を起案している。第一線の将兵が血を吐く思いで要塞に突撃しているというのに、参謀は何というざまだ。命令一つにも血を吐く思いで起案せよと、参謀飾緒を剝ぎ取ったのである。

二〇三高地か、望台か

旅順攻略戦の象徴となったのが二〇三高地である。第三軍は望台《ぼうだい》を攻撃目標として、永久堡塁《ほるい》が連なる東北正面から無謀な突撃を繰り返したから大損害を被ったという説がある。なぜはじめから二〇三高地を目標としなかったのか、それこそ乃木希典をはじめとする第三軍首脳部の頑迷さ、無能さの証明だというのである。これをテーマにした小説もベストセラーとなった。

この問題の根本は、旅順攻略とは要塞の奪取なのか、それとも旅順港に停泊しているロシア艦隊を砲撃で撃滅することなのか、にある。前者の場合、堡塁線の要《かなめ》である望台が攻撃目標となり、後者の場合は観測所を設けるため二〇三高地が代表的な目標となる。第三軍もその上級司令部である満洲軍も、要塞攻略を目的として望台に目標を定めて攻撃し、その結果としてロシア艦隊を撃滅しようとしたのである。

望台と二〇三高地に登って旅順港を眺めてみると、望台こそ、その名のとおり堡塁群の要であり、二〇三高地は要塞の前進陣地であり、観測点にすぎないことがすぐに理解される。純粋な陸戦の観点から見れば、旅順要塞を早期に占領し、第三軍を北上させて満洲軍主力に合流させるためには、望台を作戦目標とするのが至当なのである。

これは、実際の戦闘経過からも証明できる。二〇三高地は一二月五日、第七師団が占領した。しかし、戦闘はその後一カ月も続く。一二月中旬から下旬にかけて東鶏冠山《ひがしけいかんざん》北堡塁など三つの堡塁を奪取し、翌年一月一日に望台を占領した。望台を失ったことで、ようやくロシア軍は降伏を決意した。すなわち、先に二〇三高地を占領しても、ロシア軍は降伏せず、第三軍は北上できなかったのである。

私が付与する命令を厳格に実施せよ。私がやらなければならないことは、私のみが承知している。

一七九六年／イタリア遠征軍司令官　ナポレオン・ボナパルト将軍

ナポレオンが彼の参謀長であったベルティエに語った言葉だ。そしてベルティエは、「われわれの義務は服従あるのみである」と答える。このやりとりは、ナポレオンが指揮というものをどのように考えていたのか、参謀に何を期待していたのかをよく表わしている。

盲目的な服従と実行を求めることができたのは、ナポレオンが天才であることの証明であった。それと同時に彼の限界を示すものでもあり、それが最終的にフランスの敗北をもたらしたと言えよう。

天才の戦略・戦術と指揮

フランス革命は必然的に、革命の成就を図るフランスと、革命の余波が自国に波及するのを阻止しようとする周辺国との戦争をもたらした。それは従来の限定目的を達成しようとする戦争や消耗戦の様相を一変させ、生きるか死ぬかの全面戦争、決戦戦争へと変質した。

ナポレオンは、この変化を的確に把握し、決勝点へ戦力を集中して敵を殲滅《せんめつ》するという新しい境地を切り開いた。彼の戦術の特徴は、一七九六年五月のガルダ湖畔の戦いのように、内線作戦による敵の各個撃破や、一八〇五年一二月のアウステルリッツ会戦のように、要点を開放して敵を誘い入れ、敵が分散した戦機に乗じて中央突破を図るなど、部隊を縦横無尽に動かすというものである。そして、すべての命令はナポレオンただ一人から発せられたものだった。

指揮についてナポレオンは多くを語っている。「去勢された牛に率いられた獅子《しし》の軍隊は、決して獅子の軍隊とはならない」「指揮官たる一人の愚将は、二人の良将に匹敵する」などだ。これからしても、ナポレオンの指揮は集権的なものであることが理解できる。

大軍を指揮するのだから、ナポレオンも参謀部を設けていた。その組織と機能は、のちに有名になるドイツの参謀本部とは大きく異なっていた。ナポレオンの参謀部には、参謀長の下に秘書官と皇帝副官がいる。また幕僚室に三人の次長がいて、兵站《へいたん》業務を司っていた。これは計画を立案する組織ではなく、ナポレオンの命令を伝達する機関にすぎなかった。そこで長年、参謀長を務めたベルティエの言葉になるわけだ。

ナポレオンがすべて指揮できるときは、それでもよかった。しかし、戦争が大規模になり、かつ複雑になると、熟練した参謀（スタッフ）を必要とする。だがそうなったとき、ナポレオンの下には、情報や作戦について将来を洞察し、見積もり、計画し、命令を起案し、実行を確認して、大軍の指揮を容易にする有能な参謀は皆無であった。ナポレオンは最初から、自分の幕僚を信頼していなかったのだから、当然の帰結であり、報いでもあった。

直面した三つの変化

驚異的な勝利ののち、ナポレオンは三つの新たな現実に直面し、その軍事的な天才ぶりを発揮できなくなっていく。

第一に、軍隊の規模の拡大である。数万規模で、かつ部下に優秀な指揮官がいれば、ナポレオンのような直接の指揮も可能であろう。ところが一〇万を超える大軍ともなると、ナポレオンによる直接の命令だけでは動かすことが困難になってきた。

第二に、交戦各国がフランスを見習って軍制改革を行なうようになった。そのため基本的な戦闘隊形や、大量動員による国民軍といったフランスの優位性が崩れてきた。第三に、各国の軍隊が互いに協力しあい、単独ではナポレオンと戦うことをしなくなったことである。

これらの動向を助長したのが、スペイン出兵とモスクワ遠征の挫折であった。正規軍同士が野戦で決戦するのであれば、ナポレオンの天才ぶりは発揮できたであろう。しかし、スペインでのゲリラ戦、後退を続けて決戦を回避するロシア軍相手では、ナポレオンが得意とする戦い方は封殺され、常勝ナポレオンの神話は崩れて各国を勢いづかせた。

後年、ナポレオンは「私は晩年、元帥たちをあまりにも信頼しすぎた。彼らはあまりにも金持ちで、大地主で、しかも戦争に飽き飽きしていた。もし師団長級の、優秀で勝利を目指す将軍を司令官に起用していたら、事態はもっとよくなっていたであろう」と述懐している。

編集をおえて

いかにも言葉が軽くなってしまった昨今、生死の境に立った軍人が口にした一言を紹介することにも意味があるだろう。人が人を動かす道具は、結局のところ言葉しかない。最も苛酷な社会現象である戦争で、軍人は言葉によって人を動かしてきたのだから、それに重みや感動がないはずがない。それを集めて、解説を加えた一冊があってもよいのではないかと思っていた。

この趣旨に賛同してくれたのが、元防衛大学校助教授・田中恒夫、元陸上自衛隊幹部学校教官・葛原和三、元同幹部候補生学校教官・熊代将起の三氏である。長年にわたって戦史の教育に携わってこられた三氏は、「広く戦史に興味をもってもらえる糸口になれば」との思いで、「言葉」の選択から解説の執筆まで快諾していただいた。

当初、第二次世界大戦を中心に軍人一人一言とし、五〇人ほどに収める予定であった。ところが「言葉」が集まるにつれて、それぞれに歴史的な連関性があることを改めて認識させられた。たとえば、容赦なき全面戦争という考え方は、南北戦争でのグラントやシャーマンにまでさかのぼってようやく理解できることだ。そのように一連の系譜をなぞれば、戦史にも興味をもてるようになるし、正しい歴史認識も芽生えることだろう。

そこで、与えられた紙幅の限界まで、多くの「言葉」を収録することとしたため、九一人にも膨張した。一つの目的は達成された代わりに、それぞれの解説を圧縮せざるを得なくなってしまった。その点は読者の方々にも執筆者にも、アンカーを務めた者として謝罪したい。

参考文献であるが、ここで取り上げた軍人のほとんどには、回想録があったり、評伝も多く出版されているので、それらから「言葉」を拾い集めた。とくにハンソン・ボールドウィン、サミュエル・モリソン、ドナルド・マッキンタイアの一連の著作には、軍人の言動が多く収録されているので、活用させてもらった。

解説については、あくまで執筆者の個人的見解であり、特定の団体などの意見を反映したものでないことを付言しておきたい。

最後になったが、出版にあたって草思社の皆様にはお世話になった。とくに担当してくださった増田敦子氏の熱意がなければ、形にならなかった。また、本文から装丁までデザインをしてくださった藤村誠氏、細部まで入念に点検していただいた片桐克博氏がおられなければ、このような本が世に出ることはなかった。合わせて感謝の言葉を述べさせていただきたい。

二〇〇六年六月

藤井久　記

*本書は二〇〇六年に当社より刊行した著作を文庫化したものです。

草思社文庫

戦場の名言
指揮官たちの決断

2019年2月8日　第1刷発行

編　著　田中恒夫、葛原和三、熊代将起、藤井 久
発行者　藤田 博
発行所　株式会社 草思社
〒160-0022　東京都新宿区新宿1-10-1
電話　03(4580)7680(編集)
03(4580)7676(営業)
http://www.soshisha.com/

本文組版　有限会社 一企画
印刷所　中央精版印刷 株式会社
製本所　中央精版印刷 株式会社
本体表紙デザイン　間村俊一

ISBN978-4-7942-2377-7　Printed in Japan

草思社文庫既刊

恵 隆之介

敵兵を救助せよ！

駆逐艦「雷」工藤艦長と海の武士道

1942年のジャワ・スラバヤ沖海戦後、海上には撃沈された英軍将兵が漂流していた。駆逐艦「雷」の工藤艦長は422名の敵兵救助の決断を下す——。日本海軍の武士道精神を物語る、感動の史実。

兵頭二十八

「日本国憲法」廃棄論

マッカーサー占領軍が日本に強制した「日本国憲法」。自衛権すら奪う法案を日本が丸呑みせざるを得なくなった経緯を詳述。近代精神あふれる「五箇条の御誓文」の理念に則った新しい憲法の必要性を説く。

兵頭二十八

日本人が知らない軍事学の常識

戦後日本は軍事の視点を欠いてきた。軍事学の常識から尖閣、北方領土、原発、TPPと日本が直面する危機の本質をとらえる。極東パワー・バランスの実状を把握し、国際情勢をリアルに読み解く。

草思社文庫既刊

若き将軍の朝鮮戦争

白 善燁

1950年、北の奇襲により朝鮮戦争が始まった。北の狙いは何だったのか、いつから米中対決の場となったのか、南北分断の真因とは？　第一線で指揮をとった韓国軍名将が明かす知られざる真実の数々。

アメリカはなぜヒトラーを必要としたのか

菅原 出

1920年以降、アメリカは「独裁者を援助し、育てる」外交戦略をとってきた。ナチスから麻薬王、イスラム過激派に至るまで、アメリカと独裁者たちを結ぶ黒い人脈に迫る真実の米外交裏面史。

原爆を投下するまで日本を降伏させるな

鳥居 民

なぜ、トルーマン大統領は無警告の原爆投下を命じたのか。なぜ、あの日でなければならなかったのか。大統領と国務長官のひそかな計画の核心に大胆な推論を加え、真相に迫った話題の書。